中国城市经济论丛

XINNENGYUAN FADIAN SHESHI

KONGJIAN YOUHUA
BUJU YANJIU

新能源发电设施空间优化布局研究

崔　亮/著

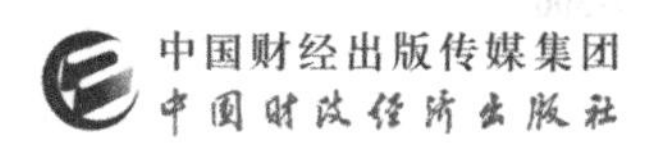

中国财经出版传媒集团
中国财政经济出版社

图书在版编目（CIP）数据

新能源发电设施空间优化布局研究／崔亮著. --北京：中国财政经济出版社，2023.5

（中国城市经济论丛）

ISBN 978-7-5223-2051-9

Ⅰ.①新… Ⅱ.①崔… Ⅲ.①新能源-发电设备-布局-研究 Ⅳ.①TM621.3

中国国家版本馆 CIP 数据核字（2023）第 040380 号

责任编辑：贾延平　　责任校对：徐艳丽
封面设计：王　颖　　责任印制：党　辉

新能源发电设施空间优化布局研究

XINNENGYUAN FADIAN SHESHI KONGJIAN YOUHUA BUJU YANJIU

中国财政经济出版社 出版

URL：http：//www.cfeph.cn

E-mail：cfeph@cfeph.cn

社址：北京市海淀区阜成路甲 28 号　邮政编码：100142

营销中心电话：010-88191522

天猫网店：中国财政经济出版社旗舰店

网址：https：//zgczjjcbs.tmall.com

北京财经印刷厂印刷　各地新华书店经销

成品尺寸：170mm×240mm　16 开　13 印张　167 000 字

2023 年 6 月第 1 版　2023 年 6 月北京第 1 次印刷

定价：66.00 元

ISBN 978-7-5223-2051-9

（图书出现印装问题，本社负责调换，电话：010-88190548）

本社质量投诉电话：010-88190744

打击盗版举报热线：010-88191661　QQ：2242791300

目　录

第一章　太阳能发电设施空间优化布局 …………………………（1）

第一节　研究背景和国内外研究现状 …………………………（1）

第二节　研究方法与数据来源 …………………………（17）

第三节　山西省水平面太阳总辐射量计算 …………………………（34）

第四节　山西省太阳能资源评估分析 …………………………（39）

第五节　山西省太阳能光伏发电潜力核算 …………………………（55）

第六节　山西省太阳能资源可利用规划管理 …………………………（61）

第七节　结论与展望 …………………………（71）

第二章　风能发电设施空间优化布局 …………………………（75）

第一节　研究背景和国内外研究现状 …………………………（75）

第二节　相关概念及理论概述 …………………………（86）

第三节　山西省区域概况 …………………………（93）

第四节　指标选取与数据处理 …………………………（97）

第五节　山西省风能资源评估分析 …………………………（106）

第六节　山西省风能可利用规划管理 …………………………（120）

第七节　结论与展望 …………………………（130）

第三章　风场选址研究——IAHP 和随机 VIKOR 方法 …………（133）

第一节　风场选址研究背景 …………………………（133）

第二节　风场选址研究方法 …………………………… (148)
第三节　结论与展望 ………………………………… (153)

第四章　风场选址研究——模糊测度方法 ………………… (161)
第一节　空间数据对确定最佳风场位置的重要性 ……… (161)
第二节　模糊测度方法 ……………………………… (164)
第三节　研究区域 …………………………………… (167)
第四节　风电场选址的框架优化模型 ………………… (169)
第五节　结论与展望 ………………………………… (171)

参考文献 …………………………………………………… (178)

第一章　太阳能发电设施空间优化布局

第一节　研究背景和国内外研究现状

一、研究背景和意义

（一）研究背景

能源是自然界中能为人类的生产和生活提供各种能力和动力的物质资源。作为经济社会发展的动力，能源对我国的发展越来越重要。数据显示，自21世纪以来，我国的能源消费需求持续增长，2020年能源消费总量较2001年增长了120.16%，而与之相对应的是，我国能源生产和能源消费长期处于不匹配状态，供需矛盾突出，石油和天然气的对外依存度非常高。

化石能源作为我国能源供应体系中的供应主体，“富煤缺油少气”的资源禀赋特点决定了我国化石能源消费大幅偏重煤炭，而对化石能源尤其是煤炭的严重依赖隐藏着重大危机：一方面，作为不可再生能源，其储量终究有限；另一方面，化石能源的开采、利用往往伴随着严重的生态、环境和气候问题，开采破坏局部水土、地质，利用会导致$PM_{2.5}$等空气污染物及温室气体的大量排放。鉴于此，无论是出于对社会经济可持续发展的考量，还是能源安全形势，抑或是对生态、环境和气候的影响，都要求我们在大力推进传统化石能源高效利用的同时积极探索发展新能源，在非化石能源方面找到突破口，开发利用清洁能源。

2006年我国出台的《可再生能源法》明确将太阳能、风能等可再生能源的开发利用列为能源发展的优先领域。此后，党的十八大、十九大报告都明确指出支持新能源、可再生能源发展。2020年我国向国际社会作出碳达峰、碳中和的郑重承诺，指明我国面对气候变化问题、推动生态文明建设以及高质量发展要实现的“双碳”目标。而推动能源革命，实现传统能源的逐步退出，进一步加快新能源发展则是助力“双碳”这一目标实现的重要环节。

电力供应是现代社会发展进步的重要支撑，“十三五”期间，山西全省年发电量及社会用电总量均保持稳步上升。其中，以燃煤为主的火力发电量在发电结构中占比居高不下。以2020年为例，火力发电量占比高达89.67%，其他水力、风力及太阳能发电合计占比仅为10.33%。此外，2021年山西省政府印发的《山西“十四五”规划和2035年远景目标纲要》指出，要巩固电力外送基地国家定位，促进可再生能源增长、消纳和储能协调有序发展，提升新能源消纳和存储能力。处于转型发展期的山西，基于区域资源禀赋、地理条件合理开发利用新能源，寻求新的能源供应增长点成为必然要求。

（二）研究意义

1. 理论意义

山西省太阳能光伏发电潜力核算具有重要的理论意义。对山西省太阳能光伏发电潜力的核算评估，有利于厘清目前新能源开发利用潜力核算方面的相关内涵。基于相关气象要素分析与定量表达、GIS空间分析方法，为其他地区太阳能光伏发电潜力核算提供理论支持，对地区新能源发展理论进行补充和完善，研究结果有助于推进区域环境管理等相关领域的理论研究。

2. 现实意义

山西省太阳能光伏发电潜力核算具有重要的现实意义。社会经济的可持续发展、能源安全形势以及生态、环境和气候要素的考量，都要求我们积极探索开发利用各种新能源。

山西作为煤炭资源大省，在大力推进传统化石能源高效利用的同时，有必要积极探索开发利用新能源，助力山西的高质量转型发展。同时，对太阳能这一清洁能源的评估及潜力核算，也有助于地区基于资源禀赋进行合理的开发利用，从而促进电力绿色低碳发展，这也是助力“双碳”目标实现的重要一环。

在山西省太阳能资源评估的基础上，本研究对可利用光伏发电潜力进行了评估核算，研究结果有助于为山西省新能源的开发利用及相关规划提供思路，以期能科学合理地开发、规划新能源。

二、国内外研究现状

（一）水平面太阳总辐射量计算方法研究现状

1. 经验模型法

日照是最常用的估算太阳总辐射的参数，基于日照百分率估算水平面太阳总辐射量是目前利用最为广泛的太阳辐射计算模型。国外学者Ångström最先采用以晴天太阳总辐射和日照百分率计算到达地面的太阳辐射量的方法，并给出总辐射的气候学计算公式①。之后Prescott用天文总辐射替代Ångström公式中的晴天太阳总辐射得到模拟精度较高、效果较好的Ångström－Prescott（Å－P）模型②。此后，包括Ogelman模型、Bahel模型在内的诸多模型，大多是在A－P模型基础上对回归经验系数进行修正或重新拟合。如Ogelman、Bahel模型和A－P模型的不同之处在于不局限于辐射值与日照时数之间的线性关系，而是分别拟合

---

① Angstrom A. Solar and terrestrial radiation [J]. Quarterly Journal of Royal Meteorological Society, 1924, 50 (1): 121－125.

② Prescott J. A. Evaporation from a water surface in relation to solar radiation [J]. Transactions of the Royal Society of South Australia, 1940, 64 (1940): 114－118.

到二次方和三次方[①②]。国内学者左大康等在1963年提出了以Ångström公式为基础的全国统一总辐射气候学计算公式；翁笃鸣和王炳忠等分别研究了对太阳总辐射气候学计算中的初始值[③④⑤]；后来，祝昌汉、和清华等分别以三种起始值估算太阳总辐射，发现以天文辐射为起始值时的结果较为恰当[⑥⑦⑧]。此后，国内学者也基本应用以天文辐射为初始值、基于日照百分率估算区域太阳总辐射的Å-P模型。

云及其伴随的天气模式，是限制到达地面太阳辐射量的最重要的大气现象之一。国外学者Kimball于1928年首次提出基于平均总云量与晴空指数关系计算太阳总辐射值的计算模型[⑨]，此后国内外学者基本以此开发了利用云量来反演太阳辐射的模型。在我国，王举等利用南海北部海区资料，建立了仅考虑云量在内的日均太阳辐射经验估计公式[⑩]。戴淑君等基于1961—2000年南京实测太阳总辐射与总云量资料，借助粒子群优化算法，建立了南京太阳总辐射模型，验证效果较好[⑪]。赵书强

---

① Ogelman H, Ecevit A, Tasdemiroglu E. A new method for estimating solar radiation from bright sunshine data [J]. Solar Energy, 1984, 33: 619-625.

② Bahel V, Bakhsh H, Srinivasan R. A correlation for estimation of global solar radiation [J]. Energy, 1987, 12: 131-135.

③ 左大康，王懿贤，陈建绥．中国地区太阳总辐射的空间分布特征［J］．气象学报，1963，(01)：78-96.

④ 翁笃鸣．试论总辐射的气候学计算方法［J］．气象学报，1964（03）：304-315.

⑤ 王炳忠，张富国，李立贤．我国的太阳能资源及其计算［J］．太阳能学报，1980（01）：1-9.

⑥ 祝昌汉．再论总辐射的气候学计算方法（一）［J］．南京气象学院学报，1982（01）：15-24.

⑦ 祝昌汉．再论总辐射的气候学计算方法（二）［J］．南京气象学院学报，1982（02）：196-206.

⑧ 和清华，谢云．我国太阳总辐射气候学计算方法研究［J］．自然资源学报，2010，25(02)：308-319.

⑨ Kimball, Herbert H. Solar and Sky Radiation Measurements during June, 1928 [J]. Monthly Weather Review, 1928, 56 (4): 230-231.

⑩ 王举，姚华栋，蒋国荣，何金海，阎俊岳，郑静，陈奕德．南海北部海区太阳辐射观测分析与计算方法研究［J］．海洋与湖沼，2005（05）：385-393.

⑪ 戴淑君，罗漱葱，李慧赟，成晓奕．利用云量估算南京地区日总辐射方法的研究［J］．资源科学，2013，35（06）：1285-1291.

等考虑云量和气溶胶不确定性提出了基于不确定理论和无云天气的REST模型的太阳辐射值预测模型①。此外，针对云层运动对太阳辐射的影响，李盼等考虑到云对于太阳辐射的衰减影响，提出一种结合晴天太阳辐射模型与云层运动方程组的云遮挡太阳辐射模型（SRMCI）②。

日照时长及云量（移动轨迹）数据并非所有地区都能轻易获取，因此研究人员尝试以更常用的测量参数来估算太阳辐射，如气温，建立了诸多基于温度估算太阳总辐射的模型。国外学者 Hargreaves 和 Samani 提出一种仅使用最高温和最低温，以两者差值作为自变量估算太阳辐射的 Hargreaves 模型③。Bristow 和 Campbell 开发了一个太阳辐射与温差呈指数函数关系的 B-C 模型④。国内学者刘玉洁等基于经国内八大自然区校验的 B-C 模型，通过输入由 PRISM 模型空间演化的月平均最高气温、最低气温栅格数据，初步实现了全国太阳总辐射的空间模拟⑤。杨金明等基于改进后的 B-C 模型，综合考虑气象及地理因素建立了适合我国东北地区的每日短波辐射估算模型⑥。

除上述三类模型以外，还有基于其他气象参数的模型，如降水量、相对湿度、蒸发等，因其大多以数个气象参数为自变量，本章中暂不对这些文献分类列举，都归类于此。如国外学者 Swartman 最先将相对湿度作为估算太阳辐射的参数，建立了以日照百分率和平均相对湿度为函

① 赵书强，王明雨，胡永强，刘晨亮. 考虑云量和气溶胶不确定性的太阳辐射值预测［J］. 电工电能新技术，2015，34（05）：41-46+75.

② 李盼，吴江，管晓宏，郑晗旭，焦春亭，王岱. 分析光伏电站输出特性的云遮挡太阳辐射模型［J］. 西安交通大学学报，2013，47（08）：61-67.

③ Hargreaves G H, Samani Z A. Estimating potential evapotranspiration［J］. Journal of Irrigation and Drainage Engineering, 1982, 108（3）: 225-230.

④ Bristow K L, Campbell G S. On the relationship between incoming solar radiation and daily maximum and minimum temperature［J］. Agricultural and Forest Meteorology, 1987, 31（2）: 159-166.

⑤ 刘玉洁，潘韬. 中国地表太阳辐射资源空间化模拟［J］. 自然资源学报，2012，27（08）：1392-1403.

⑥ 杨金明，范文义. 中国东北地区日总太阳辐射估算研究［J］. 安徽农业科学，2013，41（34）：13335-13339.

数关系的模型[①]。Maghrabi 等建立了一个基于包括可降水量、相对湿度、日照百分率、海平面气压和平均气温在内的五类气象参数计算水平面月平均太阳总辐射的模型[②]。Ertekin 和 Yaldiz 等分别以 9 种不同的变量建立了多元线性回归模型，估计了月平均日全球辐射：地球外辐射、太阳赤纬、平均相对湿度、日照时数、平均温度、平均土壤温度、平均云量、平均降水量平均蒸发量、平均蒸发量[③]。国内学者曹雯等利用全国 23 个站点的逐日太阳总辐射量、日照时数、水汽压以及日最高气温、最低气温等实测气象要素资料，通过回归分析拟合了以日照百分率为主导因子，气温日较差为订正项的太阳日总辐射量的计算模型[④]。任赛赛等将日照百分率、温度日较差和相对湿度作为拟合因子，通过回归分析的方法建立了太阳日总辐射模型[⑤]。

2. 卫星遥感资料反演法

随着辐射传输理论的发展以及卫星遥感观测技术的逐渐成熟，国内外越来越多的学者选择通过利用卫星遥感资料来反演到达地面的太阳辐射值，主要有统计反演法和物理反演法两种[⑥⑦⑧]。前者是根据地面辐射量与卫星测值（与地面辐射量存在物理关系）资料，通过确定回归系

---

① Swartman P. K, Ogunlade O. Solar radiation estimates from common parameters [J]. Solar Energy, 1967, 11: 170 -172.

② Maghrabi A, Almalki M H. A Multilinear Model for Estimating the Monthly Global Solar Radiation in Qassim, Saudi Arabia [C]. ISES Solar World Congress 2015, 2016.

③ Ertekin, Yaldiz, Can, Osman. Estimation of monthly average daily global radiation on horizontal surface for Antalya (Turkey) [J]. Renewable Energy, 1999, 17: 95 -102.

④ 曹雯，申双和．我国太阳日总辐射计算方法的研究［J］．南京气象学院学报，2008(04)：587 -591.

⑤ 任赛赛，陈渭民，文明章．福州地区太阳辐射特征及日总辐射计算模型［J］．安徽农业科学，2010，38 (01)：234 -236 +240.

⑥ Dedieu G, Deschamps P Y, Kerr Y H. Satellite Estimation of Solar Irradiance at the Surface of the Earth and of Surface Albedo Using a Physical Model Applied to Metcosat Data [J]. J. clim Appl. meteor, 1987, 26 (1): 79 -87.

⑦ Pinker R. T, Ewing J. A. Modeling surface solar radiation: model formulation and validation [J]. J. clim Appl. meteor, 1985, 24 (5): 389 -401.

⑧ Sehmetz, T. Towards a surface radiation climatology: Retrieval of downward irradiation from satellites [J]. Atmos. Res, 1989, 23: 287 -321.

数、建立回归方程来估算到达地面的太阳辐射。其本质与气候学方法相类似，不同之处在于卫星测值是自上而下，其所用函数形式与回归系数的个数也有所区别。

翁笃鸣等利用ISCCP总云量资料和青藏高原辐射资料，以传统气候学方法拟合经验函数，并根据边界条件调整得到ISSCP总云量反演地面总辐射的计算式①。刘文等利用GMS－5卫星资料提供的逐时可见光反照率资料，采用回归统计方法，建立了山东地区地表旬太阳总辐射估算模型，估算结果与实测结果具有很好的一致性②。张春桂等利用MODIS遥感数据反演得到大气中云量和云光学厚度资料，并以天文辐射量作为背景值，与地面实测太阳辐射资料建立了福建地区有云条件下的地表太阳辐射估算模型③。第二类则是根据辐射传输理论，考虑到各因素（如云和各种气体成分）影响到达地面太阳辐射的削弱效应，使用辐射传输模型或对各因素进行参数化计算到达地面的太阳辐射。张春桂等通过MODIS遥感数据反演获取大气影响参数：气溶胶光学厚度、大气可降水量及臭氧等，将其参数化后通过建立辐射传输模型估算了福建晴空条件下的太阳总辐射④。

3. 人工神经网络计算法

人工神经网络（ANN）是一种模拟人脑神经网络而设计的数据模型或计算模型，以期能够实现类人工智能的机器学习技术（机器学习类比人类思考，人类基于经验归纳出规律，继而对未知问题进行推测，机器则是基于数据训练出模型，进而完成对未知问题的预测）。自1943

---

① 翁笃鸣，高庆先，刘艳．应用ISCCP云资料反演青藏高原地面总辐射场［J］．南京气象学院学报，1997（01）：41－46.

② 刘文，刘洪鹏，王延平．GMS卫星资料估算地表旬太阳辐射［J］．气象，2002（06）：35－38.

③ 张春桂，张加春，彭继达．福建有云覆盖下地表太阳辐射的卫星遥感监测［J］．中国农业气象，2014，35（01）：109－115.

④ 张春桂，文明章．利用卫星资料估算福建晴空太阳辐射［J］．自然资源学报，2014，29（09）：1496－1507.

年 McCulloch 和 Pitts 参考生物神经元结构提出 M－P 神经元模型及神经网络概念开始①，Hebb 提出第一个人工神经网络学习规则②，Rosenblatt 又于 1958 年提出了首个可以学习的人工神经网络——感知器③，当然，此时的感知器也仅限于做简单的线性分类任务。此后，经过数十年发展，逐渐衍生出众多应用广泛的神经网络结构模型，如 BP 神经网络、卷积神经网络（CNN）等。

太阳辐射强弱并非仅与单个因素有关，而是与诸多气象要素之间都存在复杂的非线性耦合关系。逐渐发展的 ANN 渐渐具备了自适应性、信息处理的大规模性、高度非线性等特点以及能够解决非线性函数估计、数据排序、模式检测、优化、聚类和模拟等诸多问题的特性，于是国内外研究人员尝试利用神经网络对区域的太阳辐射进行预估研究，验证其可行性④⑤⑥。其中以 BP 神经网络模型应用最为广泛，部分研究人员也基于 LM 算法优化后的 BP 神经网络模型对区域太阳辐射进行了模拟。如李净等以云、气溶胶、水汽 MODIS 遥感资料和常规气象资料作为 LM－BP 神经网络模型的输入参数，模拟了和田、西宁、固原、延安 4 个辐射站点的太阳辐射月均值，观测值的误差分析结果均较小⑦。冯姣姣等基于 LM－BP 神经模型，利用卫星遥感产品、常规气象资料模拟

---

① McCulloch Warren S, Pitts Walter. A logical calculus of the ideas immanent in nervous activity [J]. The bulletin of mathematical biophysics, 1943, 5 (4): 115－133.

② Hebb D O. The organization of behavior: a neuropsychological theory [M]. New Jersey: Lawrence Erlbaum Associates, 1949.

③ Rosenblatt F. The perceptron: probabilistic model for information storage and organization in the brain [J]. Psychological Review, 1958, 65 (6): 386－408

④ Bosch J. L., López G., Batlles F. J. Daily solar irradiation estimation over a mountainous area using artificial neural networks [J]. Renewable Energy, 2008, 33 (7): 1622－1628.

⑤ Tymvios F. S., Jacovides C. P., Michaelides S. C., Scouteli C. Comparative study of Ångström's and artificial neural networks' methodologies in estimating global solar radiation [J]. Solar Energy, 2005, 78 (6): 752－762.

⑥ Mubiru J., Banda E. J. K. B. Estimation of monthly average daily global solar irradiation using artificial neural networks [J]. Solar Energy, 2008, 82 (2): 181－187.

⑦ 李净，王丹，冯姣姣．基于 MODIS 遥感产品和神经网络模拟太阳辐射［J］．地理科学，2017，37（06）：912－919.

出华东地区的太阳辐射月均值，并通过普通克里格法空间插值得到华东地区年均太阳辐射的精细化空间分布图[①]。

4. 基于中尺度气象模式的数值模拟方法

计算机和观测技术的迅速发展，为中尺度气象数值模式和模拟提供了迅速发展的可能，高时空分辨率的特性使其被广泛应用于太阳能资源的精细评估，尤其是短期预测方面。目前，国内外运用最为广泛的气象模式是 WRF（The Weather Research and Forecasting Model）和 MM5（Mesoscale Model 5）[②③④⑤]。

WRF 模式应用主要分为两类：第一类是基于该模式进行区域太阳辐射的模拟。白永清等基于 WRF 模式的输出结果和逐时总辐射观测数据设计了基于 WRF 模式输出统计的武汉市逐时太阳辐射预测流程[⑥]。贺芳芳等基于 WRF 模式对上海地区一年的月太阳总辐射进行了模拟计算，并与气候学计算结果相比较，得出两者太阳总辐射范围基本一致的结论。此外，基于实测值对模拟结果进行统计订正，从而绘制出地区高分辨率月太阳能资源分布图[⑦]。何晓凤等以 WRF 模式为工具，对不同

---

① 冯姣姣，王维真，李净，刘雯雯．基于 BP 神经网络的华东地区太阳辐射模拟及时空变化分析［J］．遥感技术与应用，2018，33（05）：881－889＋955.

② Armstrong M A. Comparison of MM5 forecast shortwave radiation with data obtained from the atmospheric radiation measurement program ［D］. Maryland：University of Maryland，2000.

③ Gueymard C. A，Ruiz－Arias J A. Validation of direct normal irradiance predictions under arid conditions：A review of radiative models and their turbidity－dependent performance ［J］. Renewable and Sustainable Energy Reviews，2015，45：379－396.

④ Jimenez P A，Haker J P，Dudhia J，Haupt S E. WRF－Solar：Description and clear－sky assessment of an augmented NWP model for solar power prediction ［J］. Bulletin of the American Meteorological Society，2016，97（7）：1249－1264.

⑤ Gamarro H，Gonzalez J E，Ortiz L E. On the assessment of a numerical weather prediction model for solar photovoltaic power forecasts in cities ［J］. J Energy Resour. Technol，2019，141（6）：061203.

⑥ 白永清，陈正洪，王明欢，成驰．基于 WRF 模式输出统计的逐时太阳总辐射预报初探［J］．大气科学学报，2011，34（03）：363－369.

⑦ 贺芳芳，李震坤．基于 WRF 模式模拟上海地区月太阳总辐射的研究［J］．可再生能源，2015，33（03）：340－345.

模式水平分辨率下北京地区太阳辐射进行了预测[①]。第二类是考虑到多云和阴雨天对太阳辐射的误差影响，基于 WRF 模式开发了扩展模式或以此为基础研发的系统。程兴宏等基于卫星资料同化和 LAPS - WRF 模式系统完成对北京地区多云和降水影响下的短期太阳辐射时空分布模拟[②]。黄鹤等在 WRF 模式基础上研发了考虑影响太阳辐射气象因素的 TJ - WRF 模式，对天津市逐时地面辐射进行模拟预测[③]。吴焕波等基于 WRF - SOLAR 数值模拟对内蒙古的太阳辐射预测的趋势进行了分析[④]。MM5 模式在我国气象资源的评估主要集中于风能资源评估，研究太阳能资源评估的较少。其中，蔺娜利用 MM5 模式完成了对辽宁省太阳能资源高空间分辨率的数值模拟[⑤]。

（二）太阳能资源评估研究现状

太阳能资源评估是开发利用太阳能以及科学合理布局、施策的基础。国外学者 Power 等利用南非的 8 个气象站和纳米比亚的 2 个气象站长时间序列数据评估了南非散射辐射、水平面直接辐照度和日照时数的空间和时间变异性，得出该地区直接辐照度和日照持续时间从西北向东南减少，散射辐照度由西向东增加的趋势[⑥]。Zell 等使用沙特阿拉伯 30 个站点逐时数据，对地区太阳能资源空间和时间变化进行评估分析，得出内陆太阳能资源丰富而沿海价值较低，为地区太阳能发电厂的规划和

---

① 何晓凤，周荣卫，申彦波，石磊．基于 WRF 模式的太阳辐射预报初步试验研究［J］．高原气象，2015，34（02）：463 - 469.

② 程兴宏，刘瑞霞，申彦波，朱蓉，彭继达，杨振斌，徐洪雄．基于卫星资料同化和 LAPS - WRF 模式系统的云天太阳辐射数值模拟改进方法［J］．大气科学，2014，38（03）：577 - 589.

③ 黄鹤，王佳，刘爱霞，刘寿东，冯帅．TJ - WRF 逐时地面太阳辐射的预报订正［J］．高原气象，2015，34（05）：1445 - 1451.

④ 吴焕波，石岚．基于 WRF - SOLRA 数值模式的太阳总辐射预报性能分析［J］．内蒙古大学学报（自然科学版），2019，50（02）：154 - 161.

⑤ 蔺娜．高分辨率风能和太阳能数值模拟研究［D］．东北大学，2008.

⑥ Power H. C.，Mills D. M. Solar radiation climate change over southern Africa and an assessment of the radiative impact of volcanic eruptions［J］．Internation Journal of Climatology，2005，25（3）：295 - 318.

选址提供参考借鉴[①]。Kiseleva 等基于长期地面实测数据，通过数学模拟方法对中亚地区太阳能资源进行了评估，对 NASA 数据地区适用性进行验证，并给出了乌兹别克斯坦和吉尔吉斯斯坦的太阳能资源成分参数数据[②]。

国内学者在太阳能资源评估尺度上主要以区域、省、市县为主。周扬等采用统计分析和空间插值相结合的方法对西北地区太阳能资源的空间分布、时间变化趋势进行了评估分析[③]。胡琦从不同时间尺度（年代、年、季）分析了近 52 a 东北地区年太阳辐射总量和生长季太阳辐射总量的空间分布和变化趋势特征[④]。梁玉莲等在对太阳能资源评估的基础上，结合地形数据和土地覆盖数据对华南地区太阳能资源的开发适宜性进行区划，并对可利用潜力进行分析[⑤]。刘淳等以中国北方沙区为研究区域，基于极端梯度提升算法（Xgboost）估算地区水平面太阳总辐射量，进而对沙区总辐射量年、季、月的时空分布特征进行分析，同时评估分析了沙区太阳能资源的丰富程度和稳定程度，最后基于资源禀赋条件提出应加大对青海和甘肃河西沙区太阳能资源的开发投入力度[⑥]。

针对各省太阳能资源评估方面，曾燕等以太阳总辐射分布式模型为基础，通过利用 DEM 数据和常规气象站观测资料，实现了江苏省 100m × 100m 分辨率太阳总辐射量的计算，得出东北部地区太阳能资源

---

① Zell E, Gasim S, Wilcox S, et al. Assessment of solar radiation resources in Saudi Arabia [J]. Solar Energy, 2015, 119: 422 – 438.

② Kiseleva S V, Kolomiets Y G, Popel´O S. Assessment of solar energy resources in Central Asia [J]. Applied Solar Energy, 2015, 51 (3): 214 – 218.

③ 周扬，吴文祥，胡莹，刘光旭．西北地区太阳能资源空间分布特征及资源潜力评估 [J]. 自然资源学报，2010，25（10）：1738 – 1749.

④ 参见书后参考文献的[55]。

⑤ 梁玉莲，申彦波，白龙，郭鹏，常蕊．华南地区太阳能资源评估与开发潜力 [J]. 应用气象学报，2017，28（04）：481 – 492.

⑥ 刘淳，任立清，李学军，贾冰，鱼腾飞，张成琦，肖建华，赵春彦，朱猛．1990—2019 年中国北方沙区太阳能资源评估 [J]. 高原气象，2021，40（05）：1213 – 1223.

开发利用优势较高的结论①。袁淑杰等利用河北省周边 8 个气象站点的实测辐射数据，应用 TPS 插值法完成对河北省 100m×100m 网格点上水平面太阳总辐射的计算，证明了河北省太阳能资源丰富，开发利用潜力巨大②。钟燕川等以四川省为研究对象，利用气象站常规观测数据、数字高程数据和遥感数据，通过建立模型计算出实际地形下的四川省太阳总辐射时空分布情况，在此基础上，评估分析了能体现太阳能资源的稳定度、资源丰富度、可利用价值等指标，并对四川省可合理利用太阳能资源区域以及资源较差区域提出太阳能资源开发利用的设想③。龚强等采用较新的资料和经验公式方法对辽宁省太阳能资源空间分布规律进行了分析，以太阳能资源丰富度、稳定度为指标评估了辽宁省太阳能资源状况，同时对 NASA 太阳总辐射数据在辽宁省的适用性进行了分析④。胡亚男等在对内蒙古太阳总辐射量计算的基础上，分析了内蒙古地区太阳总辐射量年、季、月的变化特征，并对地区太阳能资源丰富程度和稳定程度进行了评估⑤。

具体到市县评估方面，张洪卫利用东营市及周边气象站点资料完成了对东营市太阳能资源的评估，并提出了相关开发利用建议⑥。王志春等采用 GIS 技术和气候学方法对内蒙古赤峰市太阳能资源的储量及稳定程度进行分析，并基于坡度、坡向因素进行太阳能资源开发适宜性区

---

① 曾燕，王珂清，谢志清，苗茜．江苏省太阳能资源评估［J］．大气科学学报，2012，35（06）：658－663．

② 袁淑杰，李晓虹，张益炜，李德江，张文宗．河北省水平面太阳总辐射时空分布及太阳能资源评估研究［J］．东北农业大学学报，2013，44（11）：50－55．

③ 钟燕川，马振峰，徐金霞，郭海燕．基于地形分布式模拟的四川省太阳能资源评估［J］．西南大学学报（自然科学版），2018，40（07）：115－121．

④ 龚强，徐红，蔺娜，朱玲，顾正强，晁华，汪宏宇，尚敏帅．辽宁省太阳能资源评估及 NASA 数据适用性分析［J］．中国电力，2018，51（02）：105－111．

⑤ 胡亚男，李兴华，郝玉珠．内蒙古太阳能资源时空分布特征与评估研究［J］．干旱区资源与环境，2019，33（12）：132－138．

⑥ 张洪卫．东营市太阳能资源评估［D］．兰州大学，2014．

划，结合土地利用类型完成对地区太阳能资源的开发利用潜力评估①。杜军剑等基于估算求得的和静县平原地区及山区的太阳总辐射值，采用统计分析方法对两类地区的太阳能资源变化特征进行对比分析，得出两类地区太阳总辐射均呈减少趋势，平原较山区太阳能资源更丰富、开发利用潜力更大的结论②。

（三）太阳能光伏发电潜力核算研究现状

光伏发电是目前利用太阳能资源的主要形式，其大规模开发和利用对降低传统能源依赖、优化能源结构、改善生态环境、保障能源安全等方面具有重要意义。而随着光伏发电技术的日趋成熟，国内外学者先后对规模开发利用光伏发电的可行性以及潜力进行了评估与测算。

给定区域范围适宜发展光伏发电的土地资源是光伏发电潜力核算的基础和前提，已成为制约光伏开发的关键因素。基于此，国内外相关研究首先考虑的是地形地貌和土地利用条件的约束，即对不适宜光伏开发区域进行剔除或引入不同地形、土地利用类型下的装机折减系数，结合理想状况单位面积的太阳能装机容量，得到区域的理论可装机量，进而与太阳能资源禀赋条件进行优先度排序及发电潜力的核算。国外学者 Clifton 等人就运用此类框架对西澳大利亚州小麦带区的光伏发电潜力进行了分析③。Yushchenko 等人在筛除不利地理条件的基础上统计得到西非国家经济共同体适宜开发建设光伏项目的土地面积及地理位置，及以一套统一的光伏系统核算出区域光伏发电潜力④。国内学者郭鹏等运用

---

① 王志春，张新龙，苑俐，吴亚娟，史玉严．内蒙古赤峰市太阳能资源评估与开发潜力分析 [J]．沙漠与绿洲气象，2021，15（02）：106－111.

② 杜军剑，李刚，张仕明．和静县太阳总辐射计算及太阳能资源评估 [J]．沙漠与绿洲气象，2013，7（04）：45－50.

③ Clifton，J.，Boruff，B. J. Assessing the potential for concentrated solar power development in rural Australia. Energy Policy，2010，38（9）：5272－5280.

④ Yushchenko，A.，Bono，A.，Chatenoux，B.，Patel，M. K.，Ray，N. GIS－based assessment of photovoltaic（PV）and concentrated solar power（CSP）generation potential in West Africa. Renewable & Sustainable Energy Reviews，2018，81（2）：2088－2103.

这种框架，在考虑不同地形地貌约束条件下单位面积可安装光伏组件容量的基础上，结合年等效利用小时数完成对山西省光伏发电潜力的计算分析①。毛爱涵等也依据此方法对青海省理论可装机容量以及光伏发电潜力进行了核算②。

土地资源会制约光伏项目的开发利用，因此，国内外部分学者将目光投向屋顶，开展了大量针对屋顶光伏发电潜力的评估研究。以色列学者 Ran Vardimon 等通过 GIS 软件对全国的屋顶面积进行评估，同时结合地方实际完成对屋顶面积光伏发电潜力的核算，得出可满足全国电力消费总量 32% 的结论③。Maria 等借助 GIS 和三维制图技术对市区屋顶可安装光伏组件面积进行计算，并与获取得到的市区屋顶太阳辐射量完成对屋顶光伏系统发电潜力的估算④。国内研究人员对屋顶光伏发电潜力的研究主要围绕屋顶面积的获取或者估算。基于获取或者估算的屋顶可利用面积，或模拟光伏电池真实场景，或结合不同光伏电池组件达到核算屋顶光伏潜力的目的。刘光旭等使用 2000 年江苏省土地利用数据计算得到 13 个地市的居民区面积，通过设定光伏普及率计算得到省内各地市可用于安装光伏组件的屋顶面积，从而得到各地市屋顶光伏发电潜力⑤。郭晓琳通过对徐州市乡镇和城区人口密度分别进行样本选取，利用回归分析推导出样本区屋顶面积与人口的近似关系，从而推导出整个徐州市屋顶面积，并在此基础上根据经验估算出可用屋顶太阳能光伏面积比例系数，结合不同光伏板效率，计算得到不同光伏材料下徐州市

---

① 郭鹏，申彦波，陈峰，等．光伏发电潜力分析：以山西省为例［J］．气象科技进展，2019，9（2）：78－83.

② 毛爱涵，李发祥，杨思源，黄婷，郝蕊芳，李思函，于德永．青海省清洁能源发电潜力及价值分析［J］．资源科学，2021，43（01）：104－121.

③ Vardimon R. Assessment of the potential for distributed photovoltaic electricity production in Israel［J］. Renewable Energy，2011，（36）：591－594.

④ Maria L G，Giovanni L，Gianfranco R，et al. A model for predicting the potential diffusion of solar energy systems in complex urban environments［J］. Energy Policy，2011，39（9）：5335－5343.

⑤ 刘光旭，吴文祥，张绪教，周杨．屋顶可用太阳能资源评估研究——以 2000 年江苏省数据为例［J］．长江流域资源与环境，2010，19（11）：1242－1248.

屋顶光伏太阳能发电潜力①。宋晓阳利用高空间分辨率遥感影像实现建筑物屋顶轮廓的提取及优化，并对是否安装、适宜安装光伏系统进行判读，得到有效光伏安装面积、朝向等光伏系统参数，继而结合太阳辐射参数实现建筑物屋顶光伏潜力核算②。李勇利用航空立体影像获取的数字表面模型（DSM）数据对上海中心城区的太阳能资源辐射潜力进行估算，同时对建筑物屋顶数据加以提取及类型识别，通过模拟光伏利用场景，对开发利用成本及收益情况进行分析研究③。

（四）研究评述

基于地面辐射观测站实测数据开展区域太阳能资源评估是最简单、最准确的方法。然而，现实中，具备辐射观测的气象站点较少，有限的辐射数据无法满足精细化评估、选址等实际工作的需求，国内外研究者往往通过间接的方法，研究易获取的地面或高空观测资料来估算求取到达地面的太阳辐射量，并以此为依据进行地区太阳能资源的评估及开发利用选址。太阳能资源作为一种可开发利用的新能源，其蕴藏的开发利用潜力巨大，且具有很大的开发利用价值。

虽然目前国内外研究者在研究区域范围方面不断扩展，太阳能资源方面相关研究也取得了较大的发展，但依然存在一些需要进一步探究的问题。例如，GIS 工具应用在太阳能领域研究中，多是对表征太阳能资源的相关参数以及光伏电站选址方面的研究，尚未在太阳能光伏发电潜力核算方面有更多的应用。所以，本研究以山西省为研究对象，在对太阳能资源有关参数分析评估的基础上运用 GIS 空间分析方法，对其可利用太阳能光伏发电潜力进行核算，量化山西省太阳能资源潜力，进一步拓宽太阳能开发利用的研究领域。

---

① 郭晓琳．基于屋顶面积的徐州市屋顶太阳能光伏潜力评估［D］．中国矿业大学，2015.

② 宋晓阳．基于多源高分遥感数据的屋顶太阳能光伏潜力评估［D］．中国矿业大学（北京），2018.

③ 李勇．城市建筑物屋顶太阳能利用潜力评估［D］．华东师范大学，2019.

三、研究内容

（一）研究内容

1. 山西省水平面太阳总辐射量计算

利用1987—2016年山西及邻近省市21个太阳辐射观测站的水平面太阳总辐射量日值数据及同期日照时数日值数据，采用《太阳能资源评估方法》（GB/T 37526－2019）中气候学计算方法，估算得到1987—2016年这30年山西省内各气象站点逐年逐月的水平面太阳总辐射量，并对计算所得数据进行误差分析、时间及空间上的预测效果评价。

2. 山西省太阳能资源时间变化及空间分布整体评估

基于计算求得的山西省1987—2016年28个气象站点水平面太阳总辐射量数据，分析山西省水平面太阳总辐射量的时间变化特征和空间分布情况。同时，计算了山西省太阳能资源的各种参数，通过所选相关指标，在GIS软件中运用克里金插值法进行空间上的插值处理，进而完成对山西省太阳能资源的评估，获得了太阳能资源丰富度、水平面总辐射稳定度、太阳能资源可利用价值及日照稳定度的情况。

3. 山西省太阳能资源光伏发电潜力核算

在考虑地区太阳能资源禀赋条件的基础上，结合包括山西省地形（坡度、坡向）、土地利用类型、人口密度在内的诸多社会、自然因素，完成对山西省太阳能资源空间适宜区分布的评估分析，核算出现阶段山西省太阳能资源的光伏发电潜力，同时对山西省太阳能资源可利用量进行区间规划分析，并提出合理的开发利用管理建议。

（二）研究的创新之处

在评价方法上，利用GIS空间分析工具对评价指标及适宜区分布进行网格化处理与分区统计，完成对山西省太阳能资源的网格化定量评估。相较于以往的以行政区划为评价单元，经过网格化的数据更为精细，可以更清楚地表达指标的空间分布情况。

在研究方法上运用区间规划相关理论，通过建立区间规划模型来对山西省可利用太阳能光伏发电潜力进行区间规划分析，与传统线性规划取得单一确定值的不同，区间规划通过引入区间数得到最优区间解及最优值的区间，更具有参考价值。

（三）研究的技术路线

本章的研究基本框架如图1-1所示。

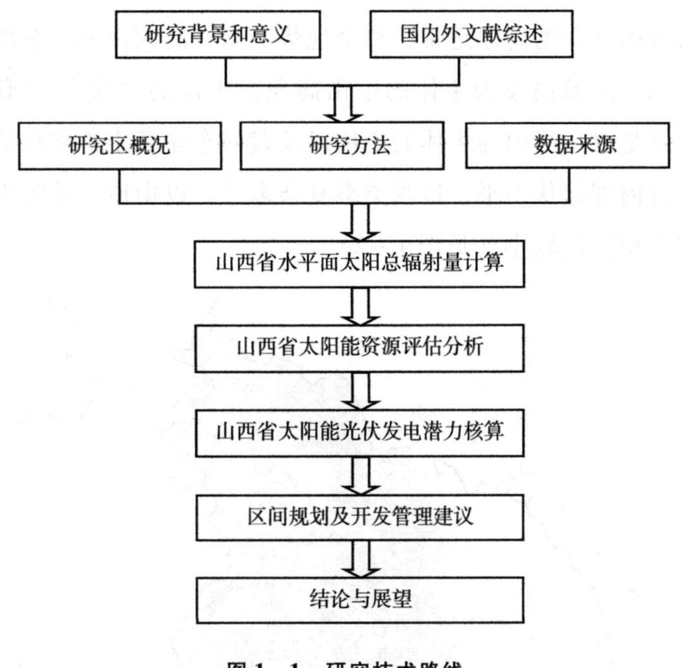

图1-1　研究技术路线

第二节　研究方法与数据来源

一、研究区概况

（一）自然地理概况

山西作为北方内陆省份，位于我国中部地区，其疆域轮廓相较其他省份较为规则，大致呈东北斜向西南，南北间距较长，纵向长约682公里，东西间距较短，宽约385公里。与相邻各省的自然境界也非常分明，其中，东侧与河北、河南两省以太行山为界，北方与内蒙古以明长城为界，西边与陕西以黄河为界，南边与河南以黄河王屋山为界。全省省域总面积约15.67万平方公里，辖11个设区市，各地市中面积最大的为忻州市，约占山西总面积的1/6，省会为太原市。

山西省地处华北平原西部的黄土高原东侧，是一个夹峙在黄河中游峡谷和太行山之间的高原地带，整个地势上东北高西南低，东部是以太行山为主脉、沁潞高原为主体的中山高原，中部为“多”字形串珠盆地，西侧则是以吕梁山为主体的山体以及黄河东岸黄土连绵覆盖的黄土高原。全省内部起伏不平，地貌类型复杂多样，以山地、丘陵为主，平原、河谷面积占比较小（见图1-2）。

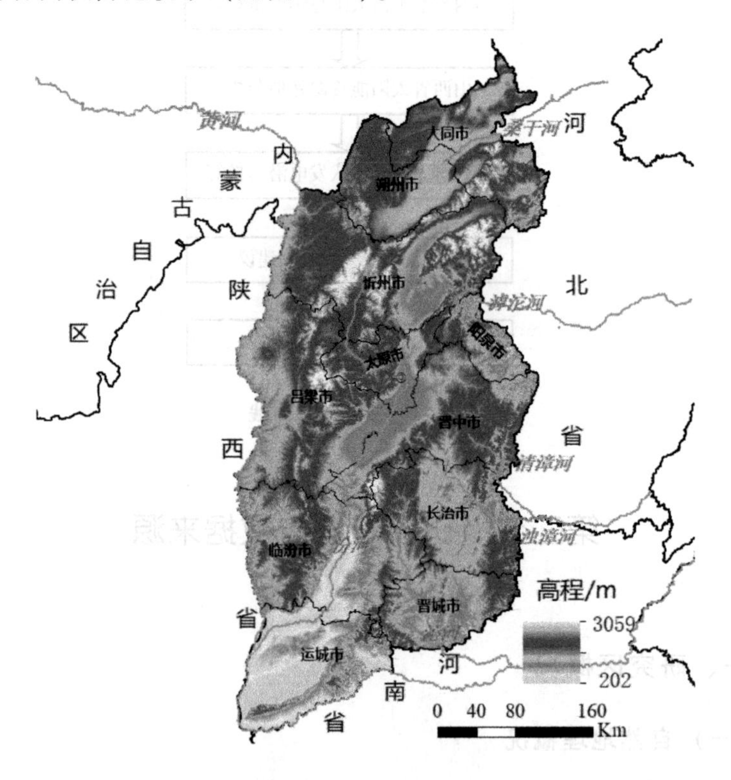

图1-2 山西省地理概况

四周山河环绕，使山西拥有众多河流，以季节性河流为主，且大都属于自产外流型水系。山西省地跨黄河、海河两大水系，省内的河流也自然分属为黄河、海河两大流域。在黄河流域，河流长度除黄河干流外，流经省内6市、45个县（市、区），纵贯省境中部的汾河为省内最长的河流，其次为发源于沁源县、向南流经至河南省境内汇入黄河的沁河。海河流域面积相较于黄河流域面积占比较小，约占全省面积的38%，其主要支流永定河、子牙河、漳卫河皆发源于山西境内，其中永定河主要支流桑干河省内河长260.6公里，子牙河上游的主要支流滹沱河省内河长319公里，清漳河省内河长146公里，浊漳河省内河长206公里。

（二）气候概况

山西省地处中纬度带的内陆，属暖温带、中温带季风气候区。四季分明、雨热同步，冬季长而寒冷干燥，夏季短而炎热多雨，春秋较短。由于地势起伏多变，降雨量和气温等气候要素的时空相差较大。由2000年以来的气候数据统计可知（见图1－3），山西省年平均气温为10.3℃，近5年年平均气温10.8℃；从温度地域分布变化来看，除五台山处于较高山地外，全省各地年平均气温介于4℃～15℃；全省年均气温空间分布表现为由北向南逐渐升高，且中部盆地高于同纬度东西两侧山区的特点。

统计得到近20年山西省年平均降水量为489.8毫米（见图1－3），其中，全省年平均降水量最多的年份是2003年，达663毫米，其次为2016年的582毫米，2001年的363.9毫米为近20年中全省年平均降水量的最低值；全省各地年降水量介于350～700毫米，东南部降水量较大；季节分配上呈现为夏季降水较多，每年6～8月降水占全年降水的比例达50%～65%。全省年相对湿度与年降水量分布一致，皆是呈由东南部向西北部逐渐递减的分布趋势。

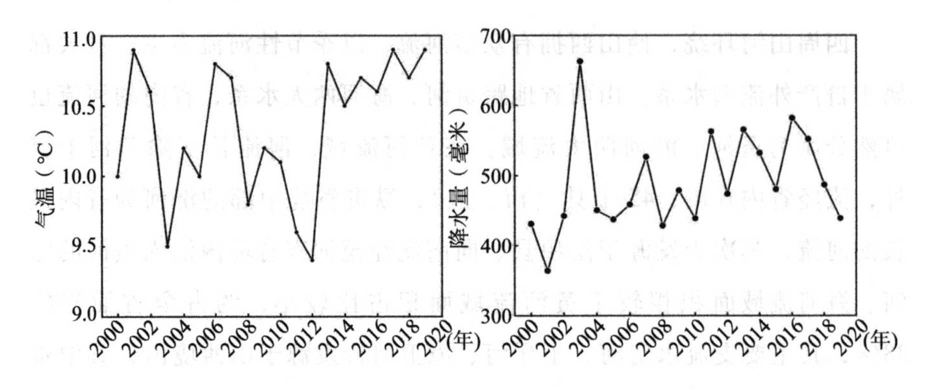

图1-3　2000—2019年山西省年均气温和降水量变化曲线

（三）能源生产、消费概况

1. 常规能源储量及生产

山西省作为我国能源资源大省，尤其是煤炭资源储量在全国首屈一指。根据矿产资源保护监督司发布的2020年全国矿产资源储量统计表的数据显示，全省煤炭资源保有储量和剩余探明技术可开采煤层气储量分别为507.25亿吨和2935.67亿立方米，分别占全国储量的31.6%和88.54%，两类储量占全国比重均为第一位，且省内各市均有分布。除此之外，剩余探明技术可开采天然气储量1402.04亿立方米，占全国储量的2.24%。

表1-1中“一次电力”指的是计入“一次能源”的电力，包含风、光、水电。从能源构成上看，山西省能源供应大幅依赖于原煤，尽管近年来煤层气和一次电力等清洁能源的比重逐年增加，但其远不及前者在一次能源生产总量中的比重，且清洁能源生产比重2020年才仅占3.23%，远远低于全国水平。

依托于良好的煤炭资源禀赋，山西成为我国重要的煤炭、电力等综合能源基地，由表1-1可以看出，2000年以来，山西省能源生产总量整体保持上升趋势，按标准煤计算能源年生产总量从2000年的21457.6万吨增长到2020年的75065.92万吨，增长近2.5倍；占全国能源生产的比重也有所增加，近年来在18%左右波动。

表 1－1 2000～2020 年山西省一次能源生产总量及构成统计

年份	能源生产总量	全国占比	占能源产量百分比（%）				全国清洁能源
	（万吨标准煤）	（%）	原煤	煤层气	一次电力	清洁能源合计	生产比重（%）
2000	21457.60	15.49	99.63	0.06	0.29	0.35	10.3
2001	23597.77	16.01	99.63	0.08	0.29	0.37	11.5
2002	31348.58	20.06	99.68	0.07	0.25	0.32	11.6
2003	38555.48	21.62	99.72	0.08	0.20	0.28	10.7
2004	43888.61	21.29	99.73	0.08	0.19	0.27	11.1
2005	47233.52	20.62	99.74	0.09	0.17	0.26	11.3
2006	49590.18	20.26	99.66	0.15	0.19	0.34	11.7
2007	53755.77	20.35	99.65	0.16	0.19	0.35	12.1
2008	55902.23	20.15	99.71	0.12	0.17	0.29	13.4
2009	52526.52	18.36	99.58	0.23	0.19	0.42	13.8
2010	63326.74	20.29	99.45	0.32	0.23	0.55	14.5
2011	74481.77	21.89	99.55	0.19	0.26	0.45	13.7
2012	78182.88	22.27	99.30	0.23	0.47	0.70	15.3
2013	68925.26	19.21	98.95	0.6	0.45	1.05	16.2
2014	68426.78	18.89	98.83	0.65	0.52	1.17	18.2
2015	72488.91	20.01	98.76	0.64	0.60	1.24	19.3
2016	63030.18	18.22	98.21	0.80	0.99	1.79	21.9
2017	65901.20	17.39	97.94	0.83	1.23	2.06	22.8
2018	70766.55	18.68	97.63	0.87	1.51	2.38	23.6
2019	69313.12	17.45	97.15	1.09	1.76	2.85	24.6
2020	75065.92	18.40	96.77	1.32	1.91	3.23	25.6

2021 年，山西省政府印发《山西“十四五”规划和 2035 年远景目标纲要》中指出，山西省也要“大力发展清洁能源，促进新能源增长、消纳和储能协调有序发展，推动多能互补开发，形成绿色多元能源供应体系”。提高清洁能源生产在能源供应体系中的比重，推动新能源和可再生能源高比例发展，是山西省在转型发展期的必然要求。

2. 能源消费总量及构成

2000 年以来，山西省能源消费总量与能源生产总量趋势表现相对一致，也大致呈现出逐年增长态势。2000年山西全省能源消费总量为6735万吨标准煤，2020年增长到20980.55万吨标准煤，增长2.1倍左右。其中，“十三五”期间全省能源消费总量累计增长1597.05万吨标准煤，占全国能源消费总量的比重介于4%～4.5%。

能源消费结构中过度依赖化石燃料尤其是煤炭，是山西省能源消费的显著特征。2000—2020年中仅2014年、2015年的煤炭消费总量有所下降，其余各年的煤炭消费总量均逐年增加，2020年全省煤炭消费总量达到3.62亿吨。除此之外，煤炭消费也向电力行业逐步集中，电力用煤占比由2000年的24.6%提升至2020年的40%。

电力供应作为现代社会发展进步的重要支撑，2020年全年全省全社会发电量较上年增长4.4%，达3395.4亿千瓦时，其中，省内用电2341.7亿千瓦时，向省外输送电力1053.6亿千瓦时。2020年，包括风能、光能、水力发电等新能源发电量共计424.3亿千瓦时，占全社会用电量的18.12%。电力消费趋增，电力结构也亟待优化。

3. 新能源发展概况

“十三五”时期，山西省大力发展新能源发电，全省累计新增并网风电、太阳能发电装机容量分别达1203万千瓦和1011.7万千瓦。截止到2020年，山西省全省并网风电装机容量1974.0万千瓦，全年累计发电量265.7亿千瓦时；并网太阳能发电装机容量1308.7万千瓦，全年累计光伏发电量158.6亿千瓦时。两者合计装机容量约占全省发电装机容量的31.6%，发电量占比达12.5%。可以看出，无论是装机容量还是发电量，山西省仍以火电为绝对主导。

二、研究方法

（一）水平面太阳总辐射量气候学计算方法

到达地表的太阳辐射量是进行太阳能资源评估及资源利用潜力核算的基础，然而，山西省境内仅有3个具备辐射观测记录的台站，即大同、太原、侯马气象站点，数据较少，无法满足精细化太阳能资源评估的需要。因此，若要对区域进行太阳能资源的精细化评估以及开发利用的前景分析，就需要通过相关计算方法或利用卫星遥感数据完成对无辐射观测资料站点或地区水平面太阳总辐射量的间接获取。

水平面太阳总辐射量气候学计算方法，即通过构建日照时数与水平面太阳总辐射量的关系式，将大气顶部入射太阳辐射与地表接收的太阳辐射联系，基于日照百分率估算水平面太阳总辐射量的计算模型，是目前利用最为广泛的计算方法，其也被《太阳能资源评估方法》（GB/T 37526—2019）定为标准计算方法。计算公式如下：

$$Rs = Ra(a + b \cdot \frac{H}{H_0}) \tag{1-1}$$

式（1－1）中，Rs 和 Ra 分别为月水平面太阳总辐射量和月地外太阳辐射量（天文辐射），单位为 MJ/m^2；a 和 b 分别为基于实测辐射数据计算的经验系数；H 和 H_0 分别是月日照时数和月可照时数，其比值代表月日照百分率 s 。

月地外太阳辐射量 Ra 可由当月逐日地外太阳辐射量累加求得：

$$Rd = \frac{24 \times 3600}{\pi} \cdot EDNI \cdot \left[\cos\phi\cos\delta\sin\omega_s + \frac{\pi\omega_s}{180}\sin\phi\sin\delta\right] \times 10^{-6} \tag{1-2}$$

$$EDNI = E_0(1 + 0.033\cos\frac{360n}{365}) \tag{1-3}$$

$$\delta = 23.45\sin(360 \times \frac{284 + n}{365}) \tag{1-4}$$

$$\omega_s = \arccos(-\tan\phi\tan\delta) \tag{1-5}$$

$$H_0 = \frac{24}{\pi}\omega_s \tag{1-6}$$

上述式中，$EDNI$ 代表地外法向太阳辐照度，单位为 W/m^2；E_0 代表太阳常数，按 QX/T 368－2016 取 $1366.1W/m^2$；ϕ 代表纬度，$90° \leqslant \phi \leqslant 90°$；$\delta$ 代表太阳赤纬，$23.45° \leqslant \delta \leqslant 23.45°$；$\omega_s$ 代表日落时刻的时

角；n 代表积日，即日期在一年中的序数，取值范围为“1～365”或“1～366”。

经验系数 a、b 的确定是通过 R_s/R_a 对 H/H_0 的最小二乘线性回归实现，计算公式如下：

$$\begin{cases} b = \dfrac{\sum_{i=1}^{n}(si - \bar{s})(yi - \bar{y})}{\sum_{i=1}^{n}(si - \bar{s})^2} \\ a = \bar{y} - b\bar{s} \end{cases} \tag{1-7}$$

式中：si 代表逐年月日照百分率；$\bar{s}$ 代表逐年月日照百分率均值；yi 代表逐年水平面总辐射月辐射量与地外太阳辐射月辐射量的比值；$\bar{y}$ 代表历年水平面总辐射月辐射量与地外太阳辐射月辐射量比值的平均值；n 为样本数量。

为获得无辐射观测资料站点的水平面太阳总辐射量，首先利用山西及周边省市共计 21 个具备辐射观测数据站点 1987—2016 年的月水平面太阳总辐射、月地外太阳辐射与月日照百分率资料，通过最小二乘法分站按月拟合得到 a、b 系数；其次采取反距离权重插值法（IDW）将拟合到的各辐射观测站逐月 a、b 系数插值到山西省内 25 个气象观测站上，得到山西省 25 个气象站点逐月系数 a、b；最后，用获得的 a、b 系数通过式（1－1）完成对各站点 1987—2016 年逐年辐射月值数据的估算。

（二）空间分析方法

空间分析的目的，是在 GIS 支持下，基于空间对象的时空分布提取出空间对象（同类或不同类）之间的空间关系及其特征，从而获得其发生的规律和原因，并对其发展趋势进行预测。

GIS 具有很强的空间信息分析功能，其中，空间插值是通过有限已知点的数值，运用相关数学模型来估算区域其他未知点的数值，并在此过程中将点数据转换成面数据。在实践中，由于样本无法测量或测量成本太高，通过对已有样本测量值进行空间上的插值处理，完成对其他空间的具体情况预测成为一种合理的选择方式。而叠加分析是 GIS 核心的计算几何算法之一，主要用于提取数据，通过在统一空间参考系统下，对栅格或矢量数据多层地图要素进行叠加产生具有新空间关系及新属性特征关系的新要素层的过程。

1. 插值分析法

在 GIS 中，插值工具通常分为确定性方法和地统计方法。确定性插值方法将根据周围测量值和用于确定所生成表面平滑度的指定数学公式将值指定给位置，包括：反距离权重法、自然邻域法、样条函数法等。地统计方法则是以包含自相关（测量点之间的统计关系）的统计模型为基础，不仅具有产生预测表面的功能，而且能够对预测的确定性或准确性提供某种度量。克里金插值法就是一种统计插值方法。本研究中，对于无辐射数据站点经验系数的确定，采用 GIS 工具中反距离权重插值法获取，对太阳能资源要素及评价指标空间分布情况则运用克里金插值法进行分析。

反距离权重插值是以插值点与样本点之间的距离为权重并进行加权平均的一种精确插值方法。其计算方程式如下：

$$z_0 = \frac{\sum_{i=1}^{s} z_i \frac{1}{d_i^k}}{\sum_{i=1}^{s} \frac{1}{d_i^k}} \tag{1-8}$$

上述表达式中，z_0 代表点 0 的估计值，s 代表已知点的数量，z_i 代表已知点 i 的值，d_i 代表已知点 i 与点 0 之间的距离，k 为确定的幂，一般在 0.5 ~ 3 的值可获得最合理的结果。

在数据网格化的过程中，克里金插值法由于考虑了描述对象的空间相关性质，并且可通过调整相关权重系数，用可估计的预测误差评估预测效果，以便得到最优的插值结果，尽可能减少与实际情况的误差。计算方法如下：

$$z_0 = \sum_{i=1}^{s} z_x W_x \tag{1-9}$$

上述公式中，z_0 为待估值，s 为已知点的数量，z_x 为已知 x 点的值，W_x 为点 x 的权重系数，可由一组联立方程求解得到，如下所示：

$$\begin{cases} \sum_{i=1}^{n} \lambda_i = 1 \\ \sum_{i=1}^{n} \lambda_i Cov(x_i, x_j) - \beta = Cov(x_i, x_j) \end{cases} \tag{1-10}$$

式中，$Cov(x_i, x_j)$ 为已知两个点之间的协方差，β 为拉格朗日乘子，$Cov(x_i, x_0)$ 为预测值与已知 x 点的值之间的协方差。

克里金算法中常用的半变异函数理论模型主要有高斯模型、线形模型、球状模型和指数模型等。而在对气象要素场进行插值时，球形模拟插值效果较好，其既考虑了储层参数的随机性，又考虑了储层参数的相关性，在满足插值方差最小的条件下，给出最佳线性无偏插值，同时还给出了插值方差。球状模型的公式如下：

$$\gamma_{(h)} \begin{cases} 0 & h = 0 \\ C_0 + C\left(\frac{3h}{2a} - \frac{h^3}{2a^3}\right) & 0 < h \leq a \\ C_0 + C & h > a \end{cases} \tag{1-11}$$

式中，$\gamma_{(h)}$ 表示空间变异函数；C_0 表示块金值，即样点间的距离为 0 时的半变异，表示测量及分析误差或微小差异；C 为结构方差，表示非随机原因形成的变异；$C_0 + C$ 表示的是基台值，表示变量的最大变异程度；h 为步长；a 为变程。

2. 叠加分析法

由于空间数据结构可分为栅格数据和矢量数据，空间叠加分析可分为基于栅格数据模型的叠置分析和基于矢量数据模型的叠置分析。在栅格叠加中，每个图层要求采用相同像元大小和区域范围栅格数据，并运用数学函数完成数据的分析及输出。常用的分析方法主要包含加权叠加以及加权总和，通常应用于适宜性建模或选址。而矢量叠加则是对不同的数据进行一系列的集合运算，将有关图层组成的各个数据层面进行叠置而产生一个具备新空间关系和属性关系的新数据层面，其主要类型有点与多边形叠加、线与多边形叠加以及多边形与多边形叠加。

（三）太阳能资源评估方法

对地区太阳能资源的评估包含两个方面，一方面是针对地区固有的太阳能资源禀赋条件进行分析评估，本研究基于太阳能资源丰富度、水平面总辐射稳定度、太阳能资源可利用天数、日照稳定度四个指标，完成对山西省太阳能资源禀赋条件的评估。其中，太阳能资源丰富度等级反映一个地区的太阳能资源禀赋，水平面总辐射稳定度和日照稳定度反映该地区太阳能资源年内变化的幅度和状态，太阳能可利用天数则反映了一天中的太阳能资源是否具备可利用价值。

另一方面，目前，太阳能资源的主要利用形式就是光伏发电，在对山西省可开发利用太阳能资源空间适宜区分布评估分析的基础上，核算出现阶段山西省太阳能资源的光伏发电潜力。研究选用单晶硅光伏电池组件 JNMM60 作为太阳能光伏发电潜力核算的参考组件，相关参数如表 1－2 所示。

表 1－2　　JNMM60 光伏组件部分参数

组件类型	峰值功率（W_p）	组件尺寸（mm）	组件面积（m^2）	光电转换效率（%）
JNMM60	320	1665×996×35	1.66	19.3

本研究以上述类型光伏组件为参考，来计算区域内太阳能光伏发电潜力，计算公式如下所示：

$$E_p = D_T \frac{P_{AZ}}{E_S} K \qquad (1-12)$$

上述式子，E_p 为年理论发电量，D_T 代表的是年峰值日照小时数（h/a），参考近年山西省各地市通用峰值日照时数；P_{AZ}代表的是组件安装容量（kWp）；E_s 代表的是标准条件下的辐照度，为常数（1kW·h/m^2）；K 代表的是综合效率系数。

据相关研究，综合效率系数通常为 75% ~ 85%，本研究综合效率系数统一采用 80%。组件安装容量为光伏组件的标称功率之和，计算公式如下：

$$P_{AZ} = W_p = \frac{W_a}{A} W_m \tag{1-13}$$

式中，W_p 代表的光伏组件峰值总功率；W_a 代表的是可安装光伏组件面积；A 代表的是单位光伏组件占地面积，考虑到遮阴等情况，一般为单位光伏组件面积的 3 倍，$A = 5m^2$；W_m 为所采用光伏组件的峰值功率，$W_m = 320 W_p$。

（四）区间规划方法

1. 线性规划理论

线性规划是满足线性约束（包括等式约束和非等式约束）、求解线性目标函数最优化问题的数学模型，是在一组线性约束条件的限制下，求一线性目标函数最大或最小的问题。

线性规划数学模型的建立一般分为三步：首先，假设决策变量，即需要优化的量（$x_1, x_2, \cdots, x_{n-1}, x_n$）；其次，建立目标函数 $\max f(x)$ / $\min f(x)$，该函数由决策变量和所要达到目标之间的函数关系确定；最后是寻找决策变量所需满足的约束条件 $s.t.$。

线性规划问题一般可记为向量形式和矩阵形式两种，其中，标准线性规划向量形式关系式如下所示：

$$\begin{cases} \max f(x) = \sum_{j=1}^{n} c_j x_j \\ s.t. \begin{cases} \sum_{j=1}^{n} a_{ij} x_j = b_i \\ x_j \geqslant 0 \\ b_i \geqslant 0 \end{cases} \end{cases} \tag{1-14}$$

标准线性规划的矩阵形式为：

$$\begin{cases} \max f(x) = CX \\ s.t. \begin{cases} AX = b \\ X \geqslant 0 \\ b \geqslant 0 \end{cases} \end{cases} \tag{1-15}$$

式中有：

$$C = (C_1, C_2, \cdots, C_n)$$

$$A = \begin{pmatrix} a_{11} & \cdots & a_{1n} \\ \cdots & \cdots & \cdots \\ a_{m1} & \cdots & a_{mn} \end{pmatrix} \tag{1-16}$$

线性规划模型中的目标函数以及约束条件都是线性的，目标函数具有单一性，且所有参数都是确定的值。然而，在实际情况中，问题模型的系数往往具有不确定性，所获信息往往不是精确的数值，只能确定其在某个区间内的变化，而将区间理论应用到线性规划中则可以很好地解决此类不确定问题，解决含有区间数的数学规划问题。

2. 区间规划理论

区间规划是以区间的形式来处理参数的不确定性问题，是在传统线性规划基础上引入区间数描述不确定性，以获取最优区间解以及最优值为目标所建立的模型。区间规划所需的是区间的上、下限而非具体确定的函数值，其包含设定区间范围内不确定变量的所有可能性，可以更加准确地表示不确定性的变量。其基本数学模型如下所示：

$$\max \otimes f = \otimes C \otimes Y \tag{1-17}$$

约束条件为：

$$\begin{aligned} &\otimes A \otimes Y \leqslant \otimes B \\ &\otimes Y \geqslant 0 \end{aligned} \tag{1-18}$$

其中，$\otimes(A) \in \otimes(R)^{m\times n}$，$\otimes(B) \in \otimes(R)^{m\times 1}$，$\otimes(C) \in \otimes(R)^{1\times n}$，$\otimes(R)$ 是由区间数构成的矩阵。$\otimes(A)$、$\otimes(B)$、$\otimes(C)$ 中任意区间参

数符号一致，即：

$$\otimes x \geqslant / \leqslant 0, iff\ \underline{\otimes}\ x \geqslant / \leqslant 0 \text{ 和 } \overline{\otimes} \geqslant 0 / \leqslant 0, x = a_{ij}, b_j, c_i, \forall_{i,j} \tag{1-19}$$

除上述常规形式之外，区间规划模型还有其他函数形式：

$$sign[\otimes(x)] = \begin{cases} 1 & if \otimes(x) \geqslant 0 \\ -1 & if \otimes(x) < 0 \end{cases} \tag{1-20}$$

$$\otimes(|z|) = \begin{cases} \otimes(z) & if \otimes(z) \geqslant 0 \\ -\otimes(z) & if \otimes(z) < 0 \end{cases} \tag{1-21}$$

$$\underline{\otimes}(|z|) = \begin{cases} \underline{\otimes}(z) & if \otimes(z) \geqslant 0 \\ -\overline{\otimes}(z) & if \otimes(z) < 0 \end{cases} \tag{1-22}$$

$$\overline{\otimes}(|z|) = \begin{cases} \overline{\otimes}(z) & if \otimes(z) \geqslant 0 \\ -\underline{\otimes}(z) & if \otimes(z) < 0 \end{cases} \tag{1-23}$$

求解区间规划模型的过程即对区间规划模型进行拆分，分别求出区间上限模型的解以及区间下限模型的解，具体可分为以下四个步骤：

①确定 $\otimes C = (\otimes c_1, c_2, \cdots, \otimes c_{n-1}, \otimes c_n)$ 当中 $\otimes c_f(f = 1,2,\cdots, n-1, n)$ 的正负号。对其进行假设：$\begin{cases} \otimes c_f \geqslant 0 & f = 1,2,\cdots,k \\ \otimes c_f < 0 & f = k+1, k+2, \cdots, n \end{cases}$

②列出区间上限模型 $\otimes g_{opt}$ 并对其进行求解：

$$\max \overline{\otimes}(g) = \sum_{f=1}^{k} \overline{\otimes}(c_f)\overline{\otimes}(x_f) + \sum_{f=k+1}^{n} \overline{\otimes}(c_f)\underline{\otimes}(x_f) \tag{1-24}$$

约束条件为：

$$\sum_{f=1}^{k} \underline{\otimes}(|a_{if}|) Sign[\otimes(a_{if})]\overline{\otimes}(x_f)/\overline{\otimes}(|b_i|) + \sum_{f=k+1}^{n} \overline{\otimes}(|a_{if}|)$$
$$Sign[\otimes(a_{if})]\underline{\otimes}(x_j)/\underline{\otimes}(|b_i|) \leqslant Sign[\otimes(b_i)], \forall i \otimes(x_f \geqslant 0, \forall f)$$

通过求解上述线性规划模型公式，即可求得 $\overline{\otimes} g_{opt}$，$\overline{\otimes} x_{fopt}(f = 1,$

$2,\cdots,k)$，$\underline{\otimes}\, x_{fopt}(f=k+1,k+2,\cdots,n)$ 的解。值得注意的是，求解过程需将 $\overline{\otimes}\, x_{fopt}(j=1,2,\cdots,k)$、$\underline{\otimes}\, x_{fopt}(f=k+1,k+2,\cdots,n)$ 联立为一组约束条件，代入 $\underline{\otimes}\, g_{opt}$ 对应方程式进行求解。

③列出区间下限模型 $\underline{\otimes}\, g_{opt}$ 并对其进行求解：

$$\max \underline{\otimes}(g) = \sum_{f=1}^{k} \underline{\otimes}(c_f)\,\underline{\otimes}(x_f) + \sum_{f=k+1}^{n} \underline{\otimes}(c_f)\,\overline{\otimes}(x_f) \quad (1-25)$$

约束条件为：

$$\sum_{f=1}^{k} \overline{\otimes}(|a_{if}|)Sign[\otimes(a_{if})]\,\underline{\otimes}(x_f)/\underline{\otimes}(|b_i|) + \sum_{f=k+1}^{n} \underline{\otimes}(|a_{if}|)Sign[\otimes(a_{if})]\,\overline{\otimes}(x_f)/\overline{\otimes}(|b_i|) \leqslant Sign[\otimes(b_i)], \forall i\ \otimes(x_f \geqslant 0, \forall f)$$

$$\begin{cases} \underline{\otimes}(x_f) \leqslant \overline{\otimes}(x_f)_{opt} & f = 1,2,\cdots,k \\ \overline{\otimes}(x_j) \geqslant \underline{\otimes}(x_j)_{opt} & f = k+1,k+2,\cdots,n \end{cases}$$

对上述线性规划模型公式求解，即可求得 $\underline{\otimes}\, g_{opt}$，$\underline{\otimes}\, x_{fopt}(f=1,2,\cdots,k)$，$\overline{\otimes}\, x_{fopt}(f=k+1,k+2,\cdots,n)$ 的解。

④整理上述区间上限模型以及区间下限模型所求得的解，得到区间规划的最优区间解及最优值。

三、数据来源

一般而言，评估区域太阳能资源所需辐射数据通常以 30 年为宜，达不到要求时应至少收集 10 年。鉴于数据的可得性和分析的可操作性，研究中所用数据主要包括 1987—2016 年山西省及邻近省市 21 个太阳辐射观测站的水平面太阳总辐射量日值数据及同期日照时数日值数据、1987—2016 年山西省 28 个气象台站月日照百分率或日照时数数据、2015 年山西省土地利用/覆盖数据等。

（一）辐射观测资料

研究所用逐日水平面太阳总辐射数据皆来源于全国温室数据系统，

此系统数据取自中国气象科学数据共享服务网。经逐日辐射数据累加计算，该系统中累计辐射月值、年值计算结果与中国辐射气候标准值月值、年值数据集显示一致，证实其数据的有效性和可用性。21 个太阳辐射观测站的空间分布及数据系列长度如图 1 - 4 所示。

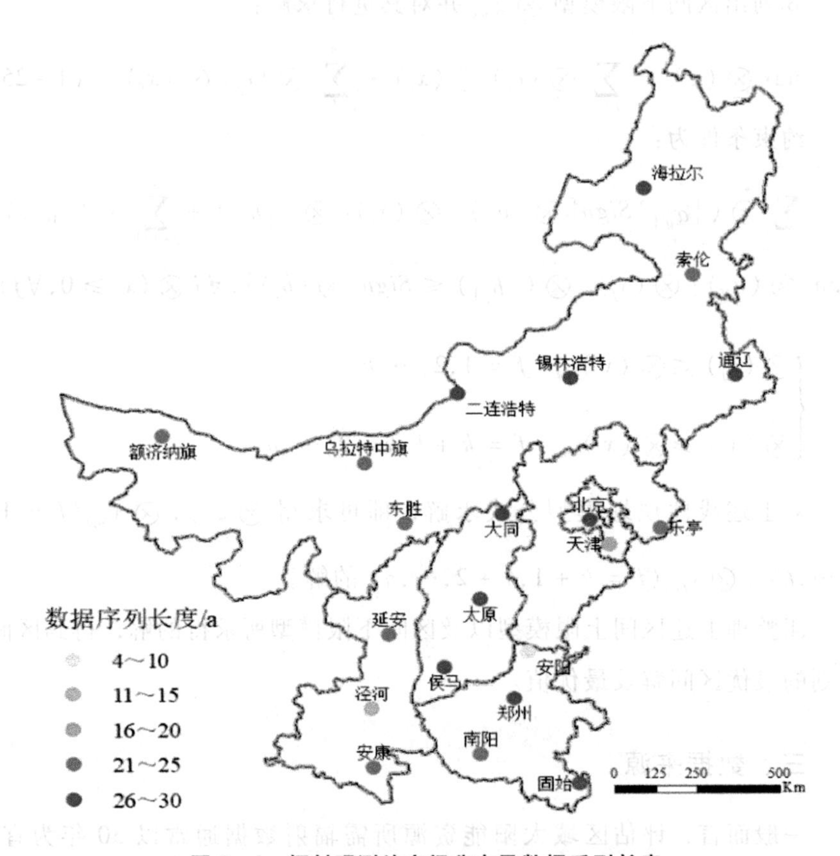

图 1 - 4 辐射观测站空间分布及数据系列长度

（二）日照时数及日照百分率资料

所用数据除上述水平面太阳总辐射量日值数据外，还有同期气象站的月日照百分率及日照时数等数据，所用数据皆来源于中国气象科学数据共享服务网。同时，为保证评估的精细化，可利用山西省内包括具有辐射观测资料的 3 个气象站在内的共计 28 个气象站的日照时数数据，其地理位置如图 1 - 5 所示。

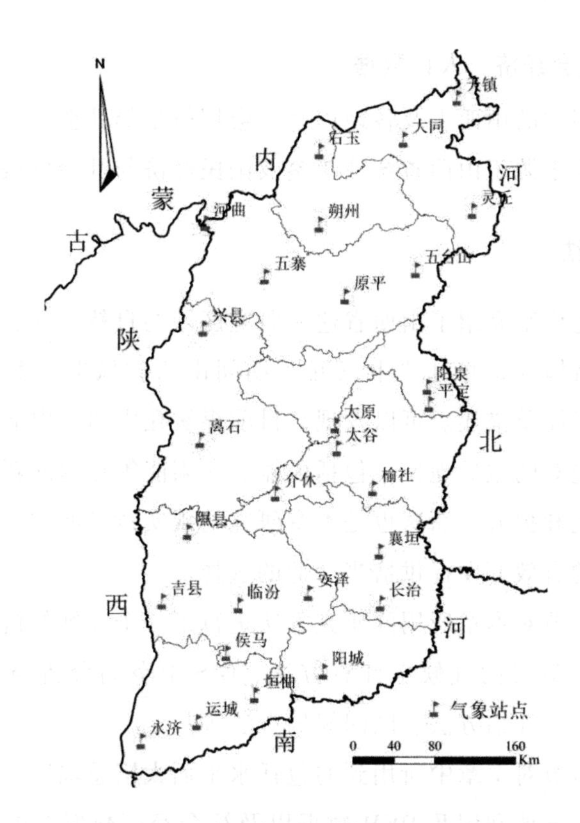

图 1-5　山西省气象站点空间分布站

（三）土地利用数据及 DEM 数据

文中所用到的山西省土地利用/覆盖遥感监测数据来源于中国科学院资源环境科学数据中心（http：//www. resdc）。该数据以 2015 年 Landsat 8 OLI 遥感影像数据为主信息源，通过制定统一的解译标志和解译原则，采用人机交互式目视判断的方式构建，对遥感影像进行包括波段提取、假彩色合成、几何精校正与分县图像拼接、镶嵌等处理，最终生成分县解译成果文件，并进行了遥感解译质量控制及精度检验。

DEM 数据来源于地理空间数据云，包括 SRTM DEM、坡度、坡向数据，其分辨率为 90 米 ×90 米。文中所用行政矢量数据来源于全国地理信息资源目录服务系统中 1∶100 万全国基础地理信息数据（2021），该数据采用 2000 年国家大地坐标系。

（四）社会经济、人口数据

研究所用到的山西省及各地市全社会用电量等社会经济数据以及常住人口数据均来源于山西省统计年鉴及国民经济与社会发展统计公报。

四、小结

本节首先详细介绍了山西省这一研究区域的自然地理、气候以及能源生产、消费情况，并对“十三五”期间山西省风电、太阳能发电发展情况进行了简单描述。可以发现，目前煤炭在山西省内能源生产、消费结构中占绝对的主导地位，包括风能、太阳能等在内的新能源发展有待进一步优化和提升，而这也是本章研究的现实意义所在，即为山西省太阳能资源的有效开发提供恰当合适的选择。

其次，本节对本章所用的研究方法进行了一个详细的梳理，包括水平面太阳总辐射量的气候学计算方法、GIS 中空间分析与空间统计方法、太阳能资源评估方法、区间规划方法等。

最后，本节对本章中所用到的包括水平面太阳总辐射、日照时数及日照百分率、土地利用及 DEM 数据以及社会经济数据在内的各类数据进行了详细介绍。各类数据来源于《山西省统计年鉴》及《国民经济与社会发展统计公报》。

第三节　山西省水平面太阳总辐射量计算

水平面太阳总辐射量和日照时数多寡是表征太阳能资源的两个重要参数，基于《太阳能资源评估方法》（GB/T 37526－2019）中气候学方法，本节完成了对山西省水平面太阳总辐射的推演，并对水平面太阳总辐射量气候学方法在山西地区的适用性进行了研究。

一、山西省水平面太阳总辐射量

山西省境内仅有 3 个具备辐射观测记录的台站，即大同、太原、侯马气象站点，数据较少，无法满足精细化太阳能资源评估的需要。利用GIS中反距离权重插值方法将拟合到的山西省及周边21个具备辐射观测记录的气象站点逐月经验系数进行空间上的插值处理，得到省内25个气象站点的逐月经验系数 a、b，继而再通过式（1－1）完成对气象站点1987—2016年逐年辐射月值数据的推演。统计处理各站点30年气候平均值如表1－3所示。

表1－3　　山西省各气象站点水平面太阳总辐射量

站点编号	站点名称	水平面太阳总辐射量（MJ/m^2）				
		全年	春	夏	秋	冬
53490	天镇	5474.02	1735.73	1839.55	1107.02	791.72
53487	大同	5441.86	1724.20	1842.18	1105.10	770.38
53478	右玉	5540.36	1745.17	1860.06	1123.72	811.41
53594	灵丘	5267.60	1685.42	1702.30	1076.80	803.07
53564	河曲	5287.15	1657.68	1810.96	1057.57	760.94
53578	朔州	5225.46	1643.37	1721.25	1068.40	792.44
53588	五台山	5308.69	1687.33	1666.02	1100.75	854.59
53663	五寨	5232.42	1624.15	1739.42	1065.49	803.36
53673	原平	4929.21	1570.28	1629.14	999.86	729.93
53664	兴县	5151.31	1594.97	1721.05	1048.94	786.36
53687	平定	5205.75	1637.25	1683.41	1061.93	823.16
53772	太原	5053.56	1595.32	1676.36	1019.66	762.22
53764	离石	5009.93	1543.61	1672.19	1023.48	770.64
53775	太谷	5216.41	1651.92	1714.88	1040.39	809.22
53782	阳泉	4860.93	1525.05	1552.90	1001.05	781.93
53787	榆社	4897.20	1522.18	1567.68	1008.77	798.58
53863	介休	4697.80	1507.04	1504.92	948.71	737.14
53853	隰县	5094.70	1556.19	1688.66	1036.59	813.26
53884	襄垣	4915.33	1535.25	1590.25	994.23	795.59
53877	安泽	4827.05	1496.53	1573.47	979.55	777.50
53859	吉县	4889.13	1499.48	1612.49	992.92	784.23

续表

站点编号	站点名称	水平面太阳总辐射量（MJ/m²）				
		全年	春	夏	秋	冬
53882	长治	4964.03	1529.04	1608.57	1012.60	813.81
53868	临汾	4701.22	1470.83	1623.15	935.024	672.23
53963	侯马	4700.84	1467.75	1611.10	925.942	696.05
53975	阳城	5075.84	1551.11	1663.35	1032.68	828.70
53968	垣曲	4731.50	1452.68	1551.40	964.11	763.30
53959	运城	4782.34	1458.91	1650.97	947.81	724.66
57052	永济	4861.99	1471.69	1686.80	961.90	741.61

从表1-3中可以看出，右玉气象站点四季中除冬季以外，其水平面太阳总辐射量数据均高于其余气象站点，累计年水平面太阳总辐射量在各气象站点中为最大；而介休气象站点在各气象站点中年水平面太阳总辐射量最小。各气象站点中，除五台山及介休两个气象站点的最大水平面太阳总辐射量是春季之外，其余各站点的最大水平面太阳总辐射量皆以夏季为最大。

二、水平面太阳总辐射量气候学方法适用性分析

首先，基于气候学方法分别模拟出山西省内3个具备辐射观测资料气象站点的逐月水平面太阳总辐射量，并与台站实测辐射量进行对比分析；其次，采用GIS中的相关空间分析工具交叉验证各站点经验系数a、b，并评价其可靠性，在时间和空间上分别评价水平面太阳总辐射量气候学方法在山西地区的适用性。

（一）误差分析

基于气候学方法分别模拟出山西省内3个具备辐射观测资料气象站点的逐月水平面太阳总辐射量，并与台站实测辐射量进行对比分析。由表1-4可以看出，与实测值相比，基于气候学方法模拟出的各站点逐月水平面太阳总辐射量，大同气象站点的最大相对误差是9.77%，最

小相对误差是 4.75%；太原气象站点的最大相对误差是 8.12%，最小相对误差是 5.84%；侯马气象站点的最大相对误差是 10.38%，最小误差是 3.54%。

表 1－4　山西省辐射站点逐月水平面太阳总辐射模拟结果的相对误差（%）

站点名称	1 月	2 月	3 月	4 月	5 月	6 月	7 月	8 月	9 月	10 月	11 月	12 月
大同	7.37	9.06	7.29	6.45	5.97	5.66	5.17	5.45	6.28	4.75	7.79	9.77
太原	5.84	6.34	6.95	8.12	7.63	7.85	6.67	7.80	7.81	6.69	8.04	7.44
侯马	8.75	10.38	4.48	3.54	4.57	5.92	5.75	5.81	6.12	6.51	6.57	6.21

此外，累计模拟出的逐月水平面太阳总辐射量，求得 3 个气象站点 30 年逐年水平面太阳总辐射量，并与实测年辐射总量相对比。3 个气象站点中，大同气象站点具有气候意义的 30 年气候平均实测值为 5441.86MJ/m^2，太原气象站点的气候平均实测值为 5053.56MJ/m^2，侯马气象站点的气候平均实测值为 4700.84MJ/m^2。与逐年实测年辐射总量相比，大同气象站点的气候平均实测值逐年相对误差范围介于 0.07%～10.64%，年均相对误差为 5.06%，最大相对误差年份出现在 1996 年，其实测值为 4931.7MJ/m^2，模拟值达 5454.70MJ/m^2；太原气象站点的气候平均实测值逐年相对误差范围在 0.02%～36.89%，年均相对误差为 5.80%，最大相对误差年份出现在 2004 年，其实测值为 3605.03MJ/m^2，模拟值达 4935.22MJ/m^2；侯马气象站点的气候平均实测值相对误差范围在 0.22%～11.08%，年均相对误差为 4.21%，最大相对误差年份出现在 1990 年，其实测值为 4376.32MJ/m^2，模拟值达 4861.71MJ/m^2。

总体而言，基于气候学方法模拟出的山西省内具备辐射观测资料气象站点的水平面太阳总辐射量效果较好。

（二）预测效果评价

从时间和空间两个维度对水平面太阳总辐射量气候学方法的预测效果进行分析。首先，分别对山西省三个辐射站点数据按照年份先后顺序进行分割，前 4/5 的数据用于模型经验系数确定、公式拟合，后 1/5 的数据对模型公式进行验证；其次，采用空间交叉验证的方法，利用山西省周边省市 18 个辐射站点数据分别对山西 3 个气象站点的经验系数、经验公式进行确定，完成与实际测值的比对验证（例如，太原气象站点的气候学公式中经验系数的确定、公式拟合基于除太原本站之外剩余 20 个辐射站点）。评价指标选取标准化的平均绝对误差（*NMAE*）和标准化的均方根误差（*NRMSE*），其计算公式如下：

$$NMAE = \frac{1}{\bar{x}} \frac{\sum_{i=1}^{n} |x_i - y_i|}{n} \tag{1-26}$$

$$NRMSE = \frac{1}{\bar{x}} \sqrt{\frac{\sum_{i=1}^{n} (x_i - y_i)^2}{n}} \tag{1-27}$$

式中，x_i 代表第 i 个实测值；y_i 代表第 i 个计算值；$\bar{x}$ 为实测值的均值。*NMAE* 和 *NRMSE* 越小，表明模型偏差越小，预测效果越好。其中，$NMAE \leqslant 0.05$ 或 $NRMSE \leqslant 0.10$，表明模拟效果为优；$0.05 < NMAE \leqslant 0.10$ 或 $0.10 < NRMSE \leqslant 0.20$，表明模拟效果为良；$0.10 < NMAE \leqslant 0.15$ 或 $0.20 < NRMSE \leqslant 0.30$，表明模拟效果为中等；$NMAE > 0.15$ 或 $NRMSE > 0.30$，表明模拟效果较差。

1. 时间上的预测效果评价

利用 1987—2016 年山西省 3 个具备辐射数据的气象站点数据对气候学方法进行时间上的预测效果评价。基于实测值与模拟值计算的评价指标计算结果如表 1-5 所示，在时间维度上，山西省三个气象站点大同、太原、侯马的实测值与模拟值评价指标 *NMAE* 依次是 0.07、0.13 和 0.08，指标 *NRMSE* 分别是 0.08、0.16 和 0.09。从评价指标可看出，基于气候学方法计算水平面太阳总辐射量在时间维度上具有较可靠的预测效能，预测效果也较好。

表 1－5　山西省辐射观测站点时间、空间上的预测效果评价指标

维度	台站	*NMAE*	*NRMSE*
时间	大同	0.07	0.08
	太原	0.13	0.16
	侯马	0.08	0.09
空间	大同	0.06	0.07
	太原	0.06	0.10
	侯马	0.02	0.02

2. 空间上的预测效果评价

空间上采用空间交叉验证的方法对气候学方法的预测效果进行评价。模拟气象站点逐月经验系数 a、b 采用反距离权重插值法（IDW）获取，并通过计算得到的地外水平面辐射与日照百分率资料，求得该气象站点的水平面太阳总辐射，进而与实测值计算得到评价指标 *NMAE* 和 *NRMSE*（见表 1－5）。从 *NMAE* 指标来看，大同、太原和侯马三个气象站点的值分别是 0.06、0.06 和 0.02，*NRMSE* 指标值分别是 0.07、0.10 和 0.02。可以看出，气候学方法在空间上具有良好的扩展性，有良好的预测效果。

三、小结

本节主要介绍了基于气候学方法计算的山西省 28 个气象站点水平面太阳总辐射量的计算过程及结果，并对该方法在山西地区的适用性进行了分析，主要包括误差分析、时间及空间预测效果评价。结果表明，通过气候学方法完成对无辐射观测资料地区水平面太阳总辐射量的推演具有较高的可靠性。

第四节　山西省太阳能资源评估分析

对山西省太阳能资源的评估主要从两方面入手：一方面分析评估山

西省水平面太阳总辐射、日照时数空间分布和时间变化特征；另一方面，基于太阳能资源丰富度、水平面总辐射稳定度、太阳能资源可利用价值、日照稳定度四个指标完成对山西省太阳能资源的评估，在此基础上完成对山西省内光伏电站适宜建设区域的选址分析，进而核算出山西省的光伏发电潜力。

一、山西省太阳能资源空间分布和变化趋势

（一）水平面太阳总辐射分布

利用克里金插值方法对计算求得的各气象站点水平面太阳总辐射量30年气候平均值进行空间分布上的插值处理，结果如图1-6所示。

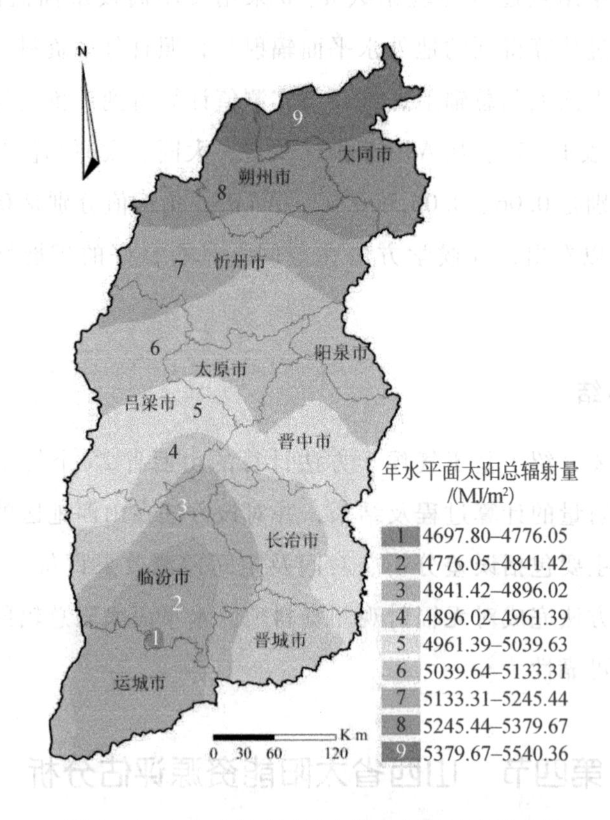

图1-6 山西省年水平面太阳总辐射量空间分布

由图1－6可以看出，总体上山西省全省年水平面太阳总辐射量自北向南逐渐减少，南北差异较为显著，且中部盆地区域水平面太阳总辐射量较同纬度两侧地区辐射值偏小。其中，高值区出现在山西省北部，包括大同市、朔州市大部分区域以及忻州市东北部及其西北部地区，在全省范围内该地区的水平面太阳总辐射量相对较高；而低值区则集中在山西省西南部，尤其是临汾盆地及运城盆地地区，处于全省的最低值区。对全省范围内水平面太阳总辐射量进行分区统计显示，山西省全省年平均水平面太阳总辐射量为5049.32MJ/m^2，其中，大同市在各地市中年均水平面太阳总辐射量值最大，达到5369.41MJ/m^2，其次为朔州市和忻州市，运城市最小，其年均水平面太阳总辐射量仅为4816.02MJ/m^2。

图1－7显示的是山西省水平面太阳总辐射在春、夏、秋、冬四季的空间分布情况，全省各季节水平面太阳总辐射量波动幅度在160～300MJ/m^2，四季中夏季辐射量最大，区域之间差异也较大；冬季则相反，整体辐射量在四季中较低且各地区之间差异较小。

春季，全省水平面太阳总辐射量介于1452.68～1745.17MJ/m^2，平均水平面太阳总辐射量1576.665MJ/m^2，整体上呈现出由西南向东北地区递增的规律。晋中以南区域，中部盆地较同纬度两侧地区辐射值较小，晋中包括晋中市、太原市在内的太原盆地内部分区域则表现不同，较同纬度其他地区水平面太阳总辐射量相对较高。春季全省水平面太阳总辐射最大值1745.17MJ/m^2出现在大同市及朔州市北部区域，最小值则出现在运城中部地区。

夏季，全省水平面太阳总辐射量均高于1500MJ/m^2，平均水平面太阳总辐射量达1667.78MJ/m^2，在四季中太阳能资源分布状况最佳，同时地区之间差异也最大，区域波动幅度在300MJ/m^2左右。全省水平面太阳总辐射量以晋中市与临汾市、长治市交界区域为中心向外逐渐增加，全省夏季水平面太阳总辐射量最小值就出现于此区域，而最大值出现在大同市及朔州市西北地区，达1860.06MJ/m^2。

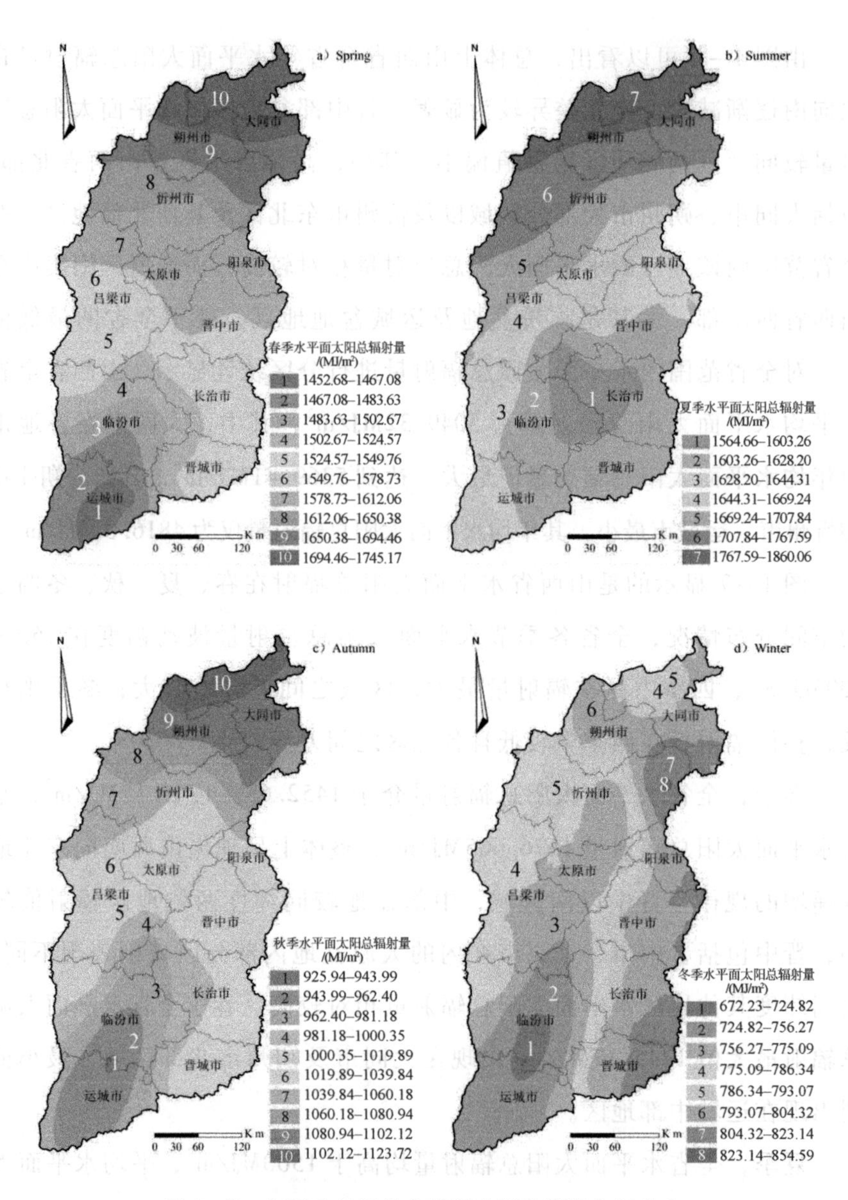

图 1－7　山西省各季节水平面太阳总辐射空间分布

秋季，全省水平面太阳总辐射量范围介于 925. 94 ~ 1123. 712MJ/m²，区域辐射均值为 1024. 07MJ/m²，最小值出现在临汾盆地，且全省水平面太阳总辐射量以此为中心、呈椭圆形向四周逐渐增加。全省除运城市、临汾市绝大部分地区以及晋中市与临汾市、长治市、吕梁市交界区域外，其余区域秋季水平面太阳总辐射量皆在 1000MJ/m² 以上。

冬季，全省各地区水平面太阳总辐射量及区域之间差异在四季中均较小，各地水平面太阳总辐射量均在 900MJ/m² 以下，空间分布大体呈中部盆地低、两侧山地较高的分布特征，最大值出现在五台山地区，最小值在临汾盆地。

（二）日照时数分布

表 1－6 显示了山西省各气象站点的日照时数状况。如表 1－8 所示，右玉气象站点年均日照时数最大，达 2823.74h，各季节除冬季以外，其日照时数均在各气象站点中最大；侯马气象站点年均日照时数最小，为 2049.23h。全省各气象站点中，大部分气象站点的日照时数在四季中均表现为春季最大，冬季最小，仅河曲、运城、永济三个气象站点的日照时数是夏季相较于其他三个季节最大。除此之外，与其他气象站点不同的是，五台山气象站点的四季中日照时数的最小值出现在夏季。

表 1－6　　山西省各气象站点日照时数状况

站点编号	站点名称	日照时数（h）				
		全年	春	夏	秋	冬
53490	天镇	2748.34	765.56	748.57	646.61	587.80
53487	大同	2655.68	744.96	739.68	627.25	543.79
53478	右玉	2823.74	787.89	767.01	667.27	601.57
53594	灵丘	2564.95	736.78	657.92	606.13	564.12
53564	河曲	2490.28	711.56	725.28	585.50	467.95
53578	朔州	2515.00	705.82	671.18	602.55	535.45
53588	五台山	2685.13	758.09	639.23	645.69	642.12
53663	五寨	2563.29	711.18	693.13	608.43	550.54
53673	原平	2290.22	676.24	627.17	535.26	451.55
53664	兴县	2468.54	688.60	678.15	586.25	515.54
53687	平定	2594.19	742.34	680.72	612.30	558.84
53772	太原	2438.61	702.4	680.12	565.85	490.60

续表

站点编号	站点名称	日照时数（h）				
		全年	春	夏	秋	冬
53764	离石	2387.46	669.6	658.18	561.24	498.45
53775	太谷	2539.15	729.53	697.57	580.81	531.24
53782	阳泉	2401.89	690.07	605.21	572.05	534.56
53787	榆社	2339.96	660.46	606.07	549.6	523.83
53863	介休	2108.52	642.41	545.89	473.29	446.94
53853	隰县	2492.28	690.81	674.62	576.63	550.22
53884	襄垣	2337.92	679.14	621.09	530.53	507.16
53877	安泽	2187.66	629.67	581.98	497.42	478.59
53859	吉县	2261.82	636.03	608.77	517.50	499.53
53882	长治	2409.23	689.54	637.71	551.52	530.45
53868	临汾	2059.20	618.21	616.01	453.82	371.16
53963	侯马	2049.23	612.70	601.28	439.40	395.85
53975	阳城	2413.39	684.52	653.59	545.16	530.13
53968	垣曲	2050.42	585.38	543.70	467.82	453.53
53959	运城	2093.62	600.96	636.34	448.26	408.07
57052	永济	2146.00	608.07	659.75	462.14	416.04

对山西省各气象站点年均日照时数进行空间分布上的插值处理，结果如图 1-8 所示。日照时数在省内区域的空间分布与年均水平面太阳总辐射在省内空间分布情况表现相对一致，以临汾盆地、运城盆地为中心，自西南向东北方向逐渐增加，北高南低，年均日照时数省内差异较为明显，最大日照时数与最小日照时数相差近 800h。朔州市西北部、大同市东部及东北部地区的年日照时数在 2800h 以上，是全省日照时数的高值区域。此外，同纬度下中部盆地内区域的日照时数相较其他地区日照时数偏小。对全省日照时数进行分区统计显示，全省年平均日照时数为 2397.70h，省内各地市中大同市年平均日照时数最大，达 2660.17h，其次为朔州市，其年平均日照时数也在 2600h 以上，运城市年平均日照时数最小，为 2113.57h。

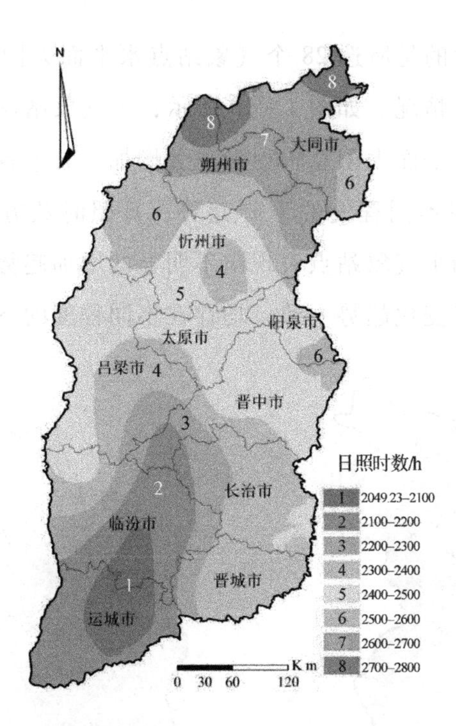

图1-8 山西省年日照时数空间分布

（三）水平面太阳总辐射和日照时数变化趋势

利用GIS中的相关工具，对山西省28个气象站点逐年水平面太阳辐射量和日照时数数据进行分区统计处理，结果如图1-9所示，山西省1987—2016年平均水平面太阳总辐射和日照时数分别以74.94MJ/（m^2·10a）和88.75h/10a的速率递减，整体上减少趋势较为显著（$p<0.01$）。

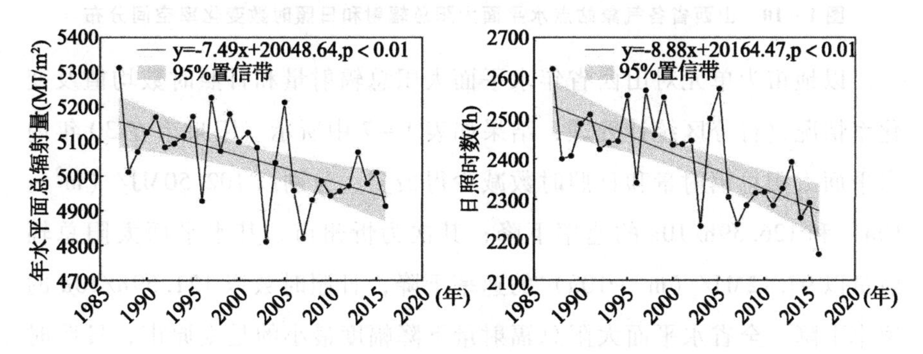

图1-9 山西省年水平面太阳总辐射和日照时数变化趋势

图 1－10 显示的是所选 28 个气象站点水平面太阳总辐射和日照时数变化率空间分布情况。如图 1－10 所示，各气象站点中仅大同、太原两个气象站点的水平面太阳总辐射量显著增加，其余各站点的水平面太阳总辐射量均存在不同程度的下降趋势；日照时数方面，仅大同、太原、太谷及垣曲四个气象站点表现出不明显的增加趋势，其余各站点与水平面太阳总辐射变化趋势一致，均存在不同程度的下降。

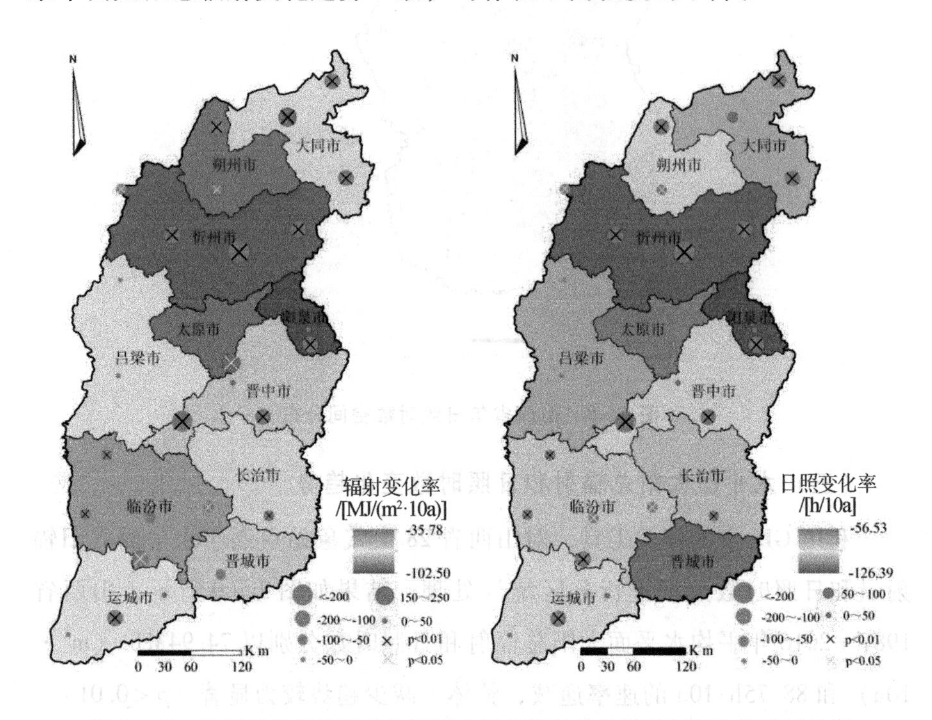

图 1－10　山西省各气象站点水平面太阳总辐射和日照时数变化率空间分布

以地市为单元对山西省年水平面太阳总辐射量和日照时数均值及变化率情况进行分区统计处理，结果如表 1－7 中所示。阳泉市在 30 年内水平面太阳总辐射量和日照时数减少得最多，分别以 102.50MJ/（m^2·10a）和 126.39h/10a 的速率下降；其次为忻州市，其水平面太阳总辐射量以 97.12MJ/（m^2·10a）的速率下降，日照时数以 121.59h/10a 的速率下降。全省水平面太阳总辐射量下降幅度最小的是太原市，日照时数下降幅度最小的为晋城市。

表1－7　　1987—2016年各地市水平面太阳总辐射量和日照时数均值及变化率统计

市名	总辐射量 (MJ/m²)	辐射变化 MJ/（m⁻²·10a⁻¹）	日照时数（h）	日照变化 (h/10a)
大同	5369.41±55.77	-65.45*	2660.17±45.90	-73.05**
朔州	5330.76±67.98	-92.38**	2629.26±73.09	-95.71**
忻州	5181.13±64.83	-97.12**	2500.71±76.33	-121.59**
吕梁	5032.41±73.76	-66.06*	2389.60±67.18	-71.96**
太原	5052.60±15.12	-35.78	2414.32±15.34	-61.91*
阳泉	5073.81±17.99	-102.50**	2479.71±26.04	-126.39**
晋中	5033.73±69.84	-61.56*	2403.56±97.73	-85.29**
长治	4936.79±41.05	-63.95*	2331.74±64.87	-80.79**
临汾	4863.83±55.45	-84.89**	2215.34±104.30	-97.96**
晋城	4945.30±37.30	-75.37**	2345.28±54.65	-56.53*
运城	4816.02±20.88	-67.15*	2113.57±32.82	-86.96**
汇总	5049.32±177.40	-74.94**	2397.70±170.63	-88.75**

二、太阳能资源评估

（一）太阳能资源丰富度评估

太阳能资源的丰富度主要以到达地表水平面的太阳总辐射量来衡量，其体现的丰富度等级反映了一个地区的太阳能资源禀赋。下面根据表1－8中的年水平面太阳辐射量等级指标来评估山西省全省范围内的太阳能资源丰富度情况。

表1－8　　年水平面太阳总辐射量丰富度等级指标

等级符号	等级名称	分级阈值（MJ/m²）
A	最丰富	≥6300
B	很丰富	5040～6300
C	丰富	3780～5040
D	一般	<3780

山西省全省年水平面太阳总辐射量介于4769.58~5443.57MJ/m²，平均水平面太阳总辐射量为5049.32MJ/m²，整体属于太阳能资源很丰富的区域。具体到各地市而言，属于很丰富区域的地市有大同市、朔州市、忻州市、太原市和阳泉市5市，其余地市则处于太阳能资源丰富区域。由图1-11可以看出，省内各地市中与资源很丰富区域评估线相差最大的是运城市，与很丰富区域评估标准线相差230MJ/m²左右。

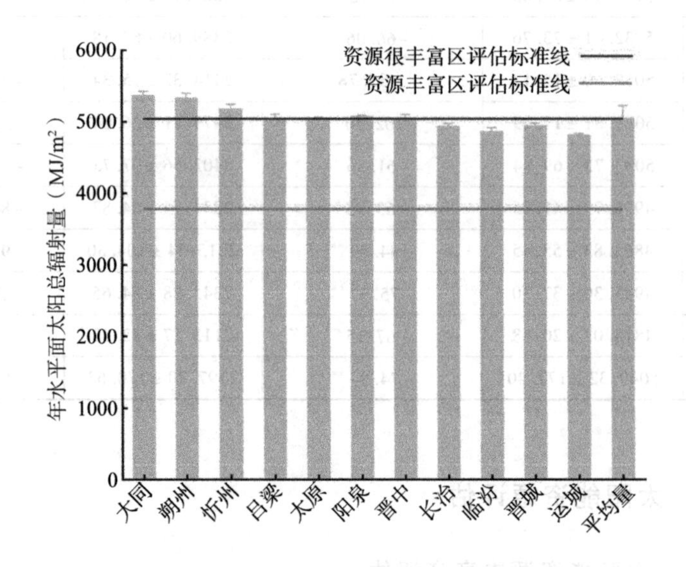

图1-11　山西省各地市太阳能资源丰富度

（二）水平面总辐射稳定度评估

水平面总辐射稳定度（GHRS）反映了一个地区太阳能资源年内变化的状态和幅度，以全年各月水平面总辐射量日均值的最大值与最小值之比表示，GHRS值越大，其水平面太阳总辐射量就越稳定。基于表1-9中年水平面总辐射稳定度等级指标，可完成对山西省全省范围内水平面总辐射稳定度的评估。

表1-10显示的是山西省28个气象站点数的水平面总辐射稳定度情况。如表1-10所示，各气象站点中阳城、长治及垣曲气象站点的水平面总辐射稳定度较高，而大同气象站点在各气象站点中的水平面总辐

表 1－9 水平面总辐射稳定度（GHRS）等级指标

等级符号	等级名称	分级阈值
A	很稳定	≥0.47
B	稳定	0.36～0.47
C	一般	0.28～0.36
D	欠稳定	<0.28

射稳定度值表现相对较低。基于划分标准，水平面总辐射稳定度达稳定级别的有 18 个，一般等级的气象站点有 10 个。

表 1－10 山西省各气象站点水平面总辐射稳定度状况

站点	水平面总辐射稳定度 GHRS	站点	水平面总辐射稳定度 GHRS
天镇	0.33	阳泉	0.39
大同	0.32	榆社	0.40
右玉	0.34	介休	0.37
灵丘	0.35	隰县	0.40
河曲	0.33	襄垣	0.39
朔州	0.35	安泽	0.40
五台山	0.38	吉县	0.40
五寨	0.37	长治	0.41
原平	0.33	临汾	0.33
兴县	0.37	侯马	0.35
平定	0.38	阳城	0.41
太原	0.35	垣曲	0.41
离石	0.38	运城	0.37
太谷	0.37	永济	0.38

将计算求得的 28 个气象站点的水平面总辐射稳定度 GHRS 值利用克里金法进行空间上的插值处理，结果如图 1－12 所示。全省 GHRS 值介于 0.32～0.41，其中，低于 0.36 的区域即水平面总辐射稳定度等级为一般稳定的区域，主要位于大同市、朔州市以及忻州市绝大部分在内的山西北部地区，剩余地区的水平面总辐射稳定度基本属于稳定等级。

对全省范围的水平面总辐射稳定度 GHRS 值进行分区统计处理，得到全省平均水平面总辐射稳定度 GHRS 值 0.37，整体上属稳定级别；各地市中晋城市平均水平面总辐射稳定度 GHRS 值最大，达 0.39，相较于全省其他范围，大同市和朔州市的水平面太阳总辐射稳定度值较小，两地均为 0.35。

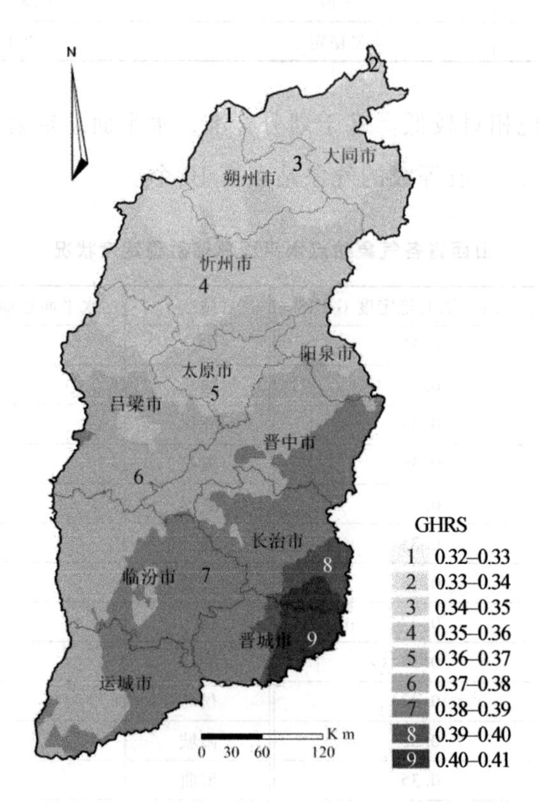

图 1-12　山西省水平面总辐射稳定度空间分布

（三）太阳能资源可利用价值及日照稳定度评估

判定一天中太阳能资源是否具备可利用价值，可以实际日照时数大于 6 小时为标准，而要体现地区太阳能资源年内变化的状态和幅度，通常用日照稳定度 K 和水平面总辐射稳定度 GHRS 来表示。日照稳定度，即年中各月实际日照时数大于 6 小时天数的最大值与最小值之比，按照“<2”“2～4”“≥4”的标准依次划分为稳定、较稳定以及不稳定三类。

统计处理山西省 28 个气象站点 1987—2016 年逐月日照时数大于 6

小时的天数，得到各站点30年气候平均值并计算出各气象站点的日照稳定度K值情况。如表1－11所示，在所选28个气象站点中，右玉气象站点的年均太阳能可利用天数最多，达275天，侯马气象站点最少，为196天，各气象站点年均太阳能可利用天数低于200天的仅有临汾、侯马、垣曲及运城四个气象站，其余气象站点多集中在200～250天。

表1－11　山西省各气象站点年平均太阳能可利用价值天数及K值统计

站点	日照时数＞6h天数（d）	K	站点	日照时数＞6h天数（d）	K
天镇	270	1.62	阳泉	240	2.00
大同	258	1.98	榆社	229	2.19
右玉	275	1.65	介休	202	3.37
灵丘	255	1.83	隰县	240	2.03
河曲	239	3.55	襄垣	229	2.99
朔州	246	2.00	安泽	214	2.44
五台山	257	1.94	吉县	219	2.27
五寨	249	1.77	长治	232	2.14
原平	220	2.83	临汾	197	3.88
兴县	243	2.05	侯马	196	3.53
平定	252	1.87	阳城	233	2.25
太原	238	2.28	垣曲	198	2.61
离石	235	2.13	运城	198	3.02
太谷	250	2.07	永济	203	2.80

就日照稳定度K值而言，河曲气象站点K值相对较高，天镇气象站点K值较低。按照划分标准，在所选的28个气象站点中，日照稳定度等级达稳定级别的有7个站点，其余气象站点则均为较稳定级别。

我们可对各气象站点多年平均太阳能可利用天数及K值情况进行空间分布上的插值处理。如图1－13所示，全省大部分地区多年平均太阳能资源可利用天数在200天以上；低值区包括运城市中部及临汾市中南部部分地区，接近200天；最高值出现在朔州西北部地区，年均可利用太阳能天数多达275天。整体上看，全省年平均太阳能资源可利用天数空间分布大致呈现由西南向东北方向递增的特点。对近30年逐年太阳能可利用天数进行区域统计结果显示，全省平均太阳能资源可利用天数呈显著减少趋势，平均每 10 年减少 9 天，多年平均太阳能可利用天数 233 天。各地市中，大同市太阳能可利用天数最多，共计 261 天，其次为朔州市，运城市则在全省各地市中年均可利用天数最少，仅 201 天。从逐年变化情况看，全省各地市太阳能可利用天数均存在不同程度的减少趋势，以阳泉市减少趋势最为显著，每 10 年大约减少 13 天。日照时数的多寡直接决定太阳能资源可利用天数的大小，前述中日照时数在近 30 年中呈明显下降趋势，且以阳泉市减少速率最大，在太阳能资源可利用天数方面的表现也是如此。

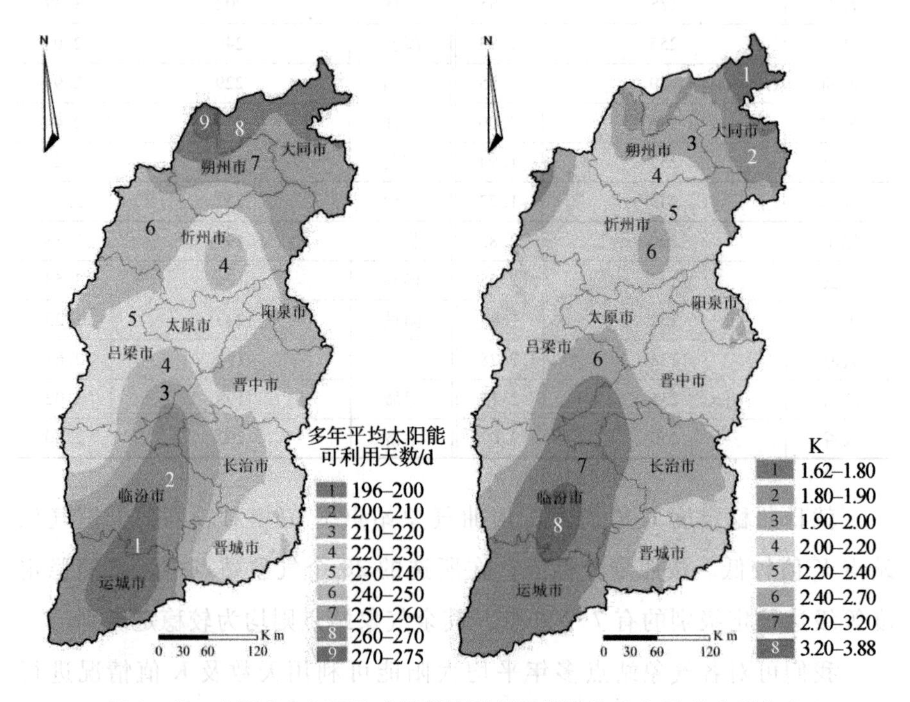

图 1－13　山西省多年平均太阳能可利用天数及稳定度 K 值空间分布

全省日照稳定度 K 值介于 1.62～3.88，空间分布整体上以较稳定为主，平均日照稳定度指数达 2.38。其中，属于稳定等级的区域主要集中在大同市、朔州市北部和忻州市东北部部分地区，阳泉市南部部分地区的日照稳定度等级也达稳定等级。全省日照稳定度高值区主要分布在包括临汾市、运城市在内的山西西南部地区，其全年日照稳定度指数表现相对较差。各地市中日照稳定度指数以运城市为最高，达 2.89，其次为临汾市和晋中市，大同市在全省中表现最低，仅为 1.86。

（四）太阳能资源适宜区空间分布

太阳能资源的开发利用受地形、土地利用类型、技术条件以及用地政策等诸多方面的影响约束。本研究综合考虑太阳能资源禀赋、地形（坡度、坡向）条件、土地利用类型、人口密度等诸多因素，基于 GIS 强大的空间信息提取、数据运算分析功能，对各项评价指标进行分级量化处理，并结合山西省实际，建立了适宜区相关评判规则，从而得到山西省太阳能资源适宜区网格化空间分布。评价指标分级情况及评判规则如表 1－12 和表 1－13 所示。

表 1－12　　山西省太阳能资源开发适宜区评价指标分级

评价指标	Ⅰ类	Ⅱ类	Ⅲ类	Ⅳ类
年水平面总辐射量（$MJ \cdot m^{-2}$）	5200～5444	5000～5200	4900～5000	4769～4900
水平面总辐射稳定度	0.40～0.41	0.37～0.40	0.34～0.37	0.32～0.34
可利用天数（d）	250～275	220～250	200～220	0～200
日照时数稳定度	1～2	2～2.5	2.5～3	3～4
坡度	0°～8°	8°～15°	15°～25°	25°～90°
坡向	－1°/135°～225°	90°～135°/225°～270°	45°～90°/270°～315°	0°～45°/315°～360°

表 1－13　　山西省太阳能资源开发适宜区评判规则

假设	结论
（1）土地利用类型为耕地、林地及水域	不适宜区
（2）地形坡度大于 25°以上任意区域	
（1）满足年水平面辐射量 5040MJ/m^2 之上，坡度介于 0°～15°，坡向为平坡或偏南方向且土地利用类型为低覆盖度草地	最适宜区
（2）满足地形坡度限制条件下所有的未利用土地	
（3）人口密度达 200 人/平方千米的城镇、工矿及农村居民用地	

图1－14直观显示了山西省可开发利用太阳能资源适宜区空间分布的区域位置。其中，不适宜开发利用区域面积最大，达103563m²，占山西全域总面积的66.09%，其次为较适宜区和一般适宜区面积，分别为20007km²和17775km²，而最适宜开发利用区域面积最小，为15201km²。实际中太阳能资源的开发利用受土地利用类型限制因素较大，应尽量避免占用耕地、林地及水域类用地，因此不适宜开发区域较大的地区，即主要集中位于省内耕地、林地面积较大的地区，如忻州、运城、临汾、吕梁以及朔州的耕地面积较多，晋城、吕梁、忻州、临汾地区的林地范围较大。

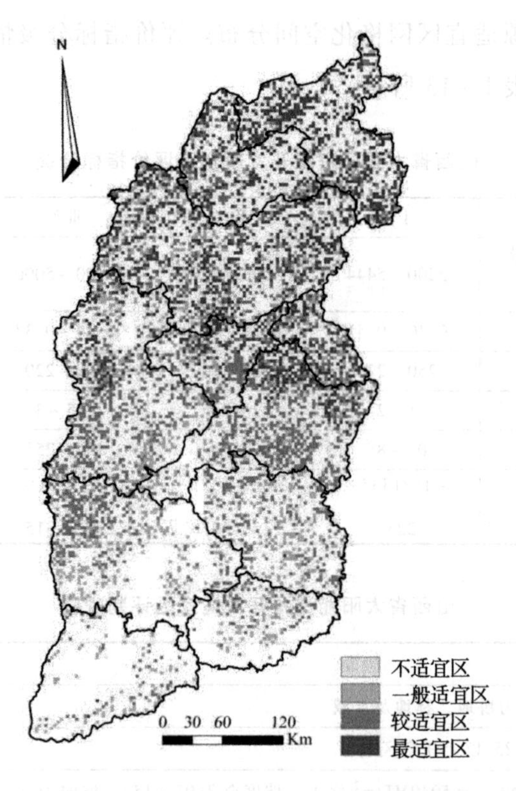

图1－14 山西省太阳能资源开发适宜性区划

三、小结

本节对山西省太阳能资源空间分布和时间变化特征以及基于太阳能资源丰富度、水平面总辐射稳定度、太阳能资源可利用价值及日照稳定度四个指标完成对山西省太阳能资源自然禀赋条件的评估。除此之外，综合考虑山西实际资源禀赋条件、地形、地貌以及人口密度等诸多因素，再对各项评价指标进行分级量化处理，通过建立相关评判规则，得到山西省太阳能资源适宜区网格化空间分布，为下一步进行太阳能资源光伏发电潜力奠定基础。

第五节　山西省太阳能光伏发电潜力核算

目前，对于太阳能资源的主要利用形式即光伏发电，在对山西省太阳能资源空间适宜区分布评估分析的基础上，核算现阶段山西省太阳能资源的光伏发电潜力。研究基于光伏市场应用类型，分类量化分析山西省太阳能资源的分布式光伏发电潜力以及集中式光伏发电潜力。

一、分布式光伏发电潜力

本节对于分布式光伏发电潜力的核算主要是针对建筑物表面，即屋顶分布式光伏，通过估算省内可装光伏组件的屋顶面积，进而量化光伏的可发电量。屋顶面积的估算基于山西省土地利用类型中城乡建设用地规模，包括城镇用地、农村居民点及其他建设用地，区域位置如图1－15（a）中所示。用于安装分布式屋顶面积通过下列计算式估算求得：

$$W_a = \alpha S \beta k \tag{1-28}$$

公式中，W_a为可安装光伏组件的屋顶面积；α代表光伏电池普及率，即可安装光伏组件屋顶面积与屋顶总面积比例，本研究设定为25%；S

为城乡、工矿、居民用地面积；β 为房屋的建筑密度，即建筑基底面积与用地面积之比，综合考虑交通道路、绿化、机场及特殊用地等实际情况及计算的可行性，参考相关文献①，取其值为 70%；k 为屋顶面积占房屋占地面积的比重，一般为 60%。

山西全省城乡建设用地规模合计达 8712km^2，由图 1－15（b）可以看出，全省城乡建设用地的太阳能资源开发主要集中在较适宜区域内，其次是一般适宜区域，最适宜区域及不适宜区域所占面积较小。其中，最适宜区域主要集中在大同市、朔州市东部以及忻州市东北部在内的晋北地区；较适宜区域主要集中在太原市、阳泉市以及晋中、吕梁小部分地区在内的晋中地区；一般适宜区域主要集中在长治、晋城在内的晋东南地区；不适宜区域则主要集中在运城市、临汾市、晋中市西南部以及吕梁东南部小部分地区。

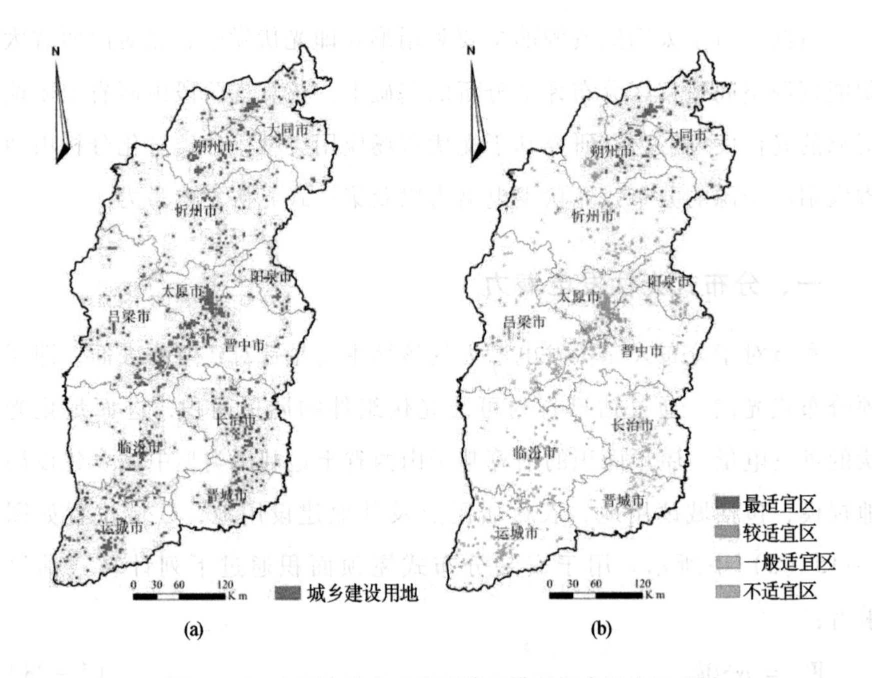

图 1－15 山西省城乡建设用地规模及相应适宜区区划

① 参见参考文献的[72]。

分区统计处理结果显示，山西省分布式光伏开发利用在较适宜区的面积达 2646km^2，位于一般适宜区域的面积为 2547km^2，处于不适宜区域面积和最适宜面积分别为 2547km^2 和 1260km^2。根据光伏发电潜力计算公式（1－15），在较适宜区域，全省太阳能光伏发电年发电潜力总量达 23173.66GWh，一般适宜区内的年发电潜力总量为 21785.75GWh，最适宜区域的年发电潜力总量为 11218.26 GWh。适宜区年发电潜力总量合计达 56177.68 GWh（见表 1－14）。

表 1－14　山西省各地市适宜区分布式光伏安装容量以及年发电潜力统计

地市	城乡建设用地（km^2）	可装光伏组件面积（km^2）	总安装容量（MW）	年峰值日照时数（h）	年发电量（GWh）
大同	738	77.49	4959.36	1664.4	6603.49
朔州	666	69.93	4475.52	1657.1	5933.11
忻州	891	91.67	5866.56	1624.25	7623.01
吕梁	1107	106.79	6834.24	1627.9	8900.37
太原	711	74.66	4777.92	1627.9	6222.38
阳泉	270	28.35	1814.40	1609.65	2336.44
晋中	891	75.60	4838.40	1627.9	6301.15
长治	990	97.34	6229.44	1584.1	7894.44
临汾	783	2.84	181.44	1580.45	229.41
晋城	504	52.92	3386.88	1525.7	4133.89
运城	1152	0	0	1500.15	0
汇总量	8703	677.59	43364.16	—	56177.69

对各地市城乡建设用地在各类适宜区内的面积及可装光伏组件面积、总安装容量以及年发电潜力总量进行统计，统计情况如表 1－14 所示。可以看出，省内适宜区城乡建设用地面积最大的为吕梁市，可装光伏组件面积、容量、年光伏发电潜力也相应最大。除运城市在适宜区分布上属不适宜区以外，临汾市可装光伏组件面积、容量以及年光伏发电潜力相较于其他地市较小。

二、集中式光伏发电潜力

基于适宜区处理结果，在排除山西省内不适宜建设集中式光伏发电站的区域的基础上，得到山西省适宜开发建设集中式光伏发电站面积与位置（见图1-16），继而完成对山西省内集中式光伏发电潜力的核算。本研究对于集中式光伏发电潜力的核算只针对在最适宜区开发利用太阳能资源，在考虑地形及土地类型等因素对光伏装机容量影响限制的基础上，根据已有研究①，将单位面积光伏装机量设定为45MW/km²。

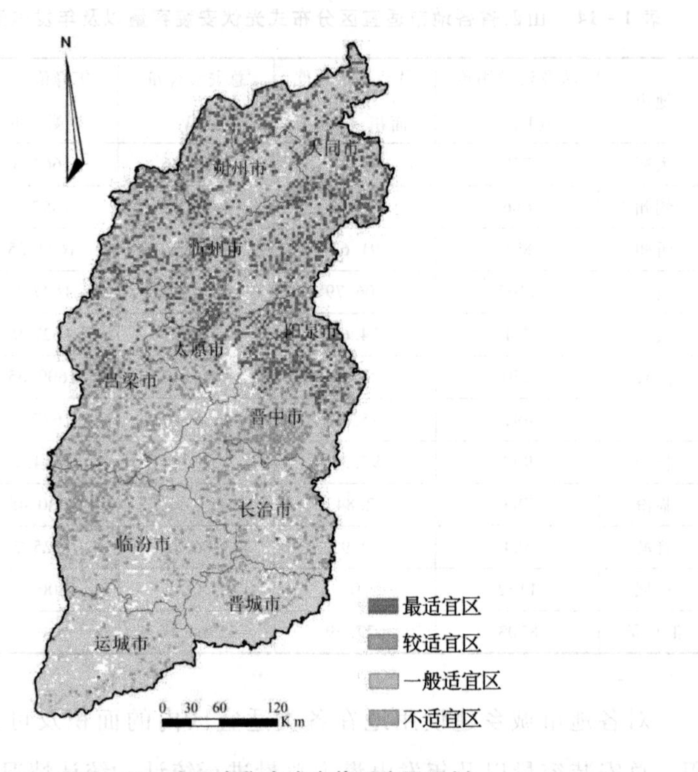

图1-16 山西省集中式光伏适宜区区划

各地市集中式光伏最适宜建设区域面积、安装容量及年发电量计算结果如表1-15所示，全省最适宜开发建设光伏电站面积合计达

① 参见参考文献的[66]。

$13941km^2$，占全省总面积的8.90%，光伏组件总安装容量达627345MW，测算最适宜区域开发建设光伏发电站后年发电潜力总量约82.12×10^4GWh。具体到各地市而言，忻州市最适宜开发区域面积最大，达$4743km^2$，开发后光伏组件安装容量达213435MW，年发电量约27.73×10^4GWh；除临汾市、晋城市外，运城市最适宜建设区域面积最小，为$45km^2$，开发后光伏组件安装容量2025MW，年发电量约为2.43×10^3GWh。

表1-15 山西省各地市集中式光伏总安装容量以及年发电量统计

地市	最适宜区域面积（km^2）	总安装容量（MW）	年发电潜力总量（GWh）
大同	3060	137700	183350.30
朔州	1602	72090	95568.27
忻州	4743	213435	277337.45
吕梁	1134	51030	66457.39
太原	945	42525	55381.16
阳泉	1026	46170	59454.03
晋中	1377	61965	80698.26
长治	9	405	513.25
临汾	0	0	0
晋城	0	0	0
运城	45	2025	2430.24
汇总量	13941	627345	821190.35

三、发电潜力分析

整理得到山西省及各地市统计年鉴2021年全社会用电量情况，与分布式、集中式光伏发电潜力进行对比，由表1-16可以看出，2021年山西省全社会用电量为260790GWh。其中，就分布式光伏发电而言，全省累计可发电潜力56177.68GWh，达全省全社会用电量的21.54%，各地市中，忻州市分布式光伏发电潜力占全社会用电量比例最高，达

50.09%，其次是朔州市、大同市、吕梁市，其分布式光伏发电潜力占比依次为41.99%、35.50%、31.26%，其余各地市分布式光伏发电潜力占全社会用电量的比重则均在30%以下。

表1-16　山西省各地市光伏发电潜力统计

地市	分布式光伏年发电潜力（GWh）	集中式光伏年发电潜力（GWh）	合计（GWh）	2021年全社会用电量（GWh）
大同	6603.49	183350.3	189953.79	18600
朔州	5933.11	95568.27	101501.38	14130
忻州	7623.01	277337.45	284960.46	15220
吕梁	8900.37	66457.39	75357.76	28470
太原	6222.38	55381.16	61603.54	28853
阳泉	2336.44	59454.03	61790.47	9010
晋中	6301.15	80698.26	86999.41	25079
长治	7894.44	513.25	8407.69	36186
临汾	229.41	0	229.41	24750
晋城	4133.89	0	4133.89	22780
运城	0	2430.24	2430.24	33770
汇总量	56177.69	821190.35	877368.04	256848

对于集中式光伏发电潜力，全省最适宜开发建设区域累计可发电潜力达821190.35GWh，其发电量将可达到全省全社会用电量的3.15倍。其中，除长治市、临汾市、晋城市以及运城市集中式光伏的年发电潜力小于各市全社会用电量之外，其余各地市集中式光伏的年发电潜力均大于其全社会用电量。

综上所述，山西省太阳能资源非常丰富，光伏发电开发利用潜力巨大，尤其是包括大同市、朔州市、忻州市在内的北部地区。在目前能源资源紧缺的背景下，无论是基于电力外送基地的国家定位考量，还是为推进山西经济的高质量发展，或是为“双碳”目标的达成贡献山西力量，充分开发利用太阳能，科学合理、因地制宜推动光伏发展是非常必要且重要的。

四、小结

本节在对山西省太阳能资源空间适宜区分布评估分析的基础上，按照光伏应用市场类型的不同，分类量化分析了山西省太阳能资源的分布式光伏发电潜力以及集中式光伏发电潜力。其中，分布式光伏发电潜力核算对象是区域屋顶分布式光伏，集中式光伏发电潜力则主要针对山西省太阳能资源开发适宜区中的最适宜建设区域，并与当前全社会用电量进行了对比分析。

第六节　山西省太阳能资源可利用规划管理

基于山西省太阳能资源开发适宜区区划，省内分布式光伏适宜开发利用区域面积 677.57km^2，可装光伏组件安装容量 43364.16MW，年发电潜力总量 56177.68GWh；最适宜开发利用集中式光伏电站区域面积 13941km^2，可装光伏组件安装容量 627345MW，年发电潜力总量 821190.35GWh。两类光伏应用类型年发电潜力总量合计可达 8.77×10^5 GWh。开发利用潜力巨大，有必要对其作出合理规划，以期能为地区太阳能资源的开发利用提供借鉴参考。

一、山西省太阳能光伏发电潜力区间规划

太阳能资源作为一种安全、清洁能源，其易获取且可持续，进行开发利用又使其具备一定的经济价值，可创造出经济效益。因此，研究基于经济效益最大化前提下，对山西省太阳能光伏发电潜力在不同用电用户之间的分配作出简单的区间规划，分析不同规划阶段内太阳能光伏发电量在各用电用户的电力分配以及相对应产生的经济效益上限、下限值，得到不同阶段电力分配量最适宜的规划区间，为山西省光伏发电潜力的分配管理提供可行途径。

（一）四类用电用户电力消费情况

电网系统一般将用电用户分为居民生活用电、一般工商业用电、大工业用电以及农业生产用电四类，电价采用阶梯电价形式，以官方发布政策中各目录销售电价为准。2021 年 10 月，国家发展改革委发布《关于进一步深化燃煤发电上网电价市场化改革的通知》，提出加快推进电价市场化改革，推动工商业用户进入市场，取消工商业目录销售电价。此后，山西省发展和改革委员会发布《关于调整我省目录销售电价有关事项的通知》中，取消了电网销售电价表中工商业用电（包括一般工商业和大工业用电）目录销售电价，有序推动工商业用户全部进入电力市场，按照市场价格购电。本节通过整理近年来山西省统计年鉴资料及山西省电价销售相关政策文件，结合实际情况，统计出各行业电力消费量及阶梯电价情况，综合分析得到山西省四类用电用户的电力消费区间，如表 1 – 17 所示。同时，鉴于资料数据的可获得性，暂不对商业用户进行分析。

表 1 – 17 山西省四类用电用户电力消费区间

用电分类	区间	户数/单位数	单位用电量（千瓦时）	每度电价（元/千瓦时）
居民生活用电	下限	1.23×10^7	9.72×10^2	0.467
	上限	1.31×10^7	1.76×10^3	0.477
大工业用电	下限	2.95×10^3	3.89×10^7	0.383
	上限	4.75×10^3	4.75×10^7	0.635
一般工业用电	下限	5.46×10^2	3.70×10^6	0.307
	上限	7.32×10^2	7.29×10^6	0.946
农业生产用电	下限	3.89×10^5	7.74×10^3	0.373
	上限	5.57×10^5	4.86×10^4	0.500

表 1 – 17 显示了山西省四类用电用户的户数/单位数、单位用电量及度电电价情况。其中，居民生活用电户数在 $[1.23, 1.31] \times 10^7$ 户之间，度电电价上下限差值为 0.010 元/千瓦时，在四类用电用户中度电

电价相差最小。大工业用电单位数在[2.95,4.75]$\times 10^3$之间，度电电价上下限差0.252元/千瓦时。一般工业用电单位数在[5.46,7.32]$\times 10^2$之间，度电电价上下限差值为0.639元/千瓦时，是四类用电用户中度电电价相差最大的一类。农业生产用电单位数在[3.89,5.57]$\times 10^5$之间，度电电价上下限差0.207元/千瓦时。

(二) 区间规划模型

基于区间规划的相关理论，结合用电用户电力消费状况，在经济效益最大化前提下，对山西省光伏可利用潜力进行电力分配，进行区间规划分析。建立模型如下：

$$\max f = p_1k_1X_1 + p_2k_2X_2 + p_3k_3X_3 + p_4k_4X_4 \tag{1-29}$$

约束条件：

$$0.467 \leqslant p_1 \leqslant 0.477 \tag{1-30}$$

$$0.383 \leqslant p_2 \leqslant 0.635 \tag{1-31}$$

$$0.307 \leqslant p_3 \leqslant 0.946 \tag{1-32}$$

$$0.373 \leqslant p_4 \leqslant 0.5002 \tag{1-33}$$

$$1.23 \times 10^7 \leqslant X_1 \leqslant 1.31 \times 10^7 \tag{1-34}$$

$$2953 \leqslant X_2 \leqslant 4748 \tag{1-35}$$

$$546 \leqslant X_3 \leqslant 732 \tag{1-36}$$

$$3.89 \times 10^5 \leqslant X_4 \leqslant 5.57 \times 10^5 \tag{1-37}$$

$$\begin{cases} 10\% m \leqslant k_1X_1 + k_2X_2 + k_3X_3 + k_4X_4 \leqslant 40\% m & \text{第一阶段} \\ 40\% m \leqslant k_1X_1 + k_2X_2 + k_3X_3 + k_4X_4 \leqslant 70\% m & \text{第二阶段} \\ 70\% m \leqslant k_1X_1 + k_2X_2 + k_3X_3 + k_4X_4 \leqslant m & \text{第三阶段} \end{cases} \tag{1-38}$$

上述式中，p_1、p_2、p_3、p_4依次代表居民生活用电、大工业用电、一般工业用电以及农业生产用电的度电电价；k_1、k_2、k_3、k_4依次代表四类用电用户的平均用电量；X_1、X_2、X_3、X_4依次代表四类用电用户的户数/单位数；m为年光伏发电潜力总量。

本节将山西省太阳能光伏发电潜力分为三个规划阶段：第一阶段是

资源可利用率在 10% ~40%，第二阶段在 40%~70%，第三阶段在 70%~100%。

(三) 规划结果

基于区间规划模型的相关理论基础，对上述所建立模型进行求解，得到三个规划阶段内四类用电用户太阳能资源可利用量的电力分配区间及相对应的经济效益区间，以此进行分析。

1. 第一阶段

第一阶段，山西省太阳能光伏可利用发电量在 $[0.88, 3.51] \times 10^{11}$ KWh，图 1-17 显示的是各用电用户的电力分配状况（a）及相对应的经济效益（b）。

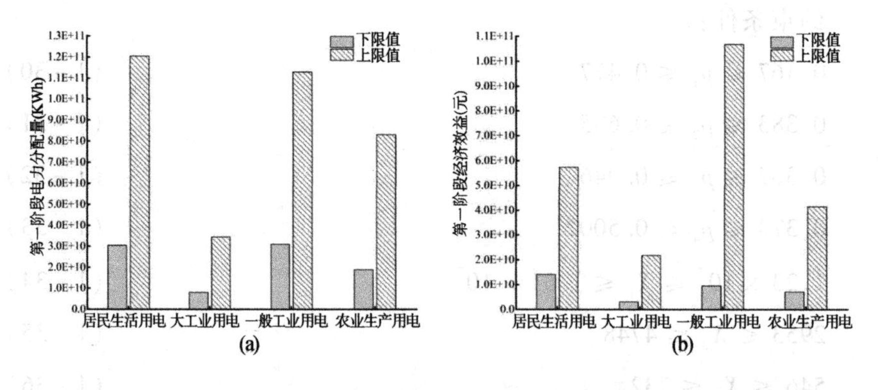

图 1-17 第一阶段电力分配状况（a）及相对应经济效益（b）情况

由图 1-17（a）可以直观地观察到，四类用电用户的电力分配状况不一致，大工业用电用户的电力分配量较少，其上限值和下限值均是四个用电用户中的最低值；居民生活用电以及一般工业用电用户的电力分配量较多，其中，居民生活用电用户的电力分配量上限值是四类用电用户中的最高值，一般工业用电用户的下限值是四类用电用户中的最高值。各用电用户中，居民生活用电用户的电力分配量区间上下限差值最大，其次是一般工业用电用户，大工业用电用户的电力分配量区间上下限差值最小。具体到四类用电用户电力分配状况，居民生活用电用户的电力分配量在[3.04,12.04]×10^{10}KWh，大工业用电用户的电力分配量在[0.80,3.44]×10^{10}KWh，一般工业用电用户的电力分配量在[3.10,11.30]×10^{10}KWh，农业生产用电用户的电力分配量在[1.89,8.32]×10^{10}KWh。

图1-17（b）显示的是第一阶段内山西省可利用太阳能光伏发电给各用电用户所带来的经济效益。第一阶段可带来总经济效益[0.34,2.28]×10^{11}元，其中，给一般工业用电用户所带来的经济效益最大，达[0.95,10.69]×10^{10}元；其次为居民生活用电用户；经济效益最小的是大工业用电用户，为[0.31,2.19]×10^{10}元。

2. 第二阶段

在规划的第二阶段，山西省太阳能光伏可利用发电量在[3.51,6.14]×10^{11}KWh。由图1-18（a）显示的各用电用户的电力分配状况可以看出，相较于规划第一阶段的山西省可利用太阳能光伏发电量的电力分配，第二阶段内四类用电用户分布较为均匀，大工业用电用户的分配区间上限值较为突出。在第二阶段，电力分配量的最大的用电用户不再是居民生活用电，而变为大工业用电用户，上限值和下限值都是四个行业中的最高值，且上限值和下限值的差值也是最大的。具体到四类用电用户电力分配状况，居民生活用电用户的电力分配量在[0.75,1.32]×10^{11}KWh，大工业用电用户的电力分配量在[1.09,2.24]×10^{11}KWh，一般工业用电用户的电力分配量在[0.76,1.20]×10^{11}KWh，农业生产用电用户的电力分配量在[0.91,1.38]×10^{11}KWh。

第二阶段光伏发电分配给四类用电用户可带来的经济效益合计为[1.34,3.88]×10^{11}元。其中，分配给居民生活用电用户所带来的经济效益为[3.51,6.29]×10^{10}元，分配给大工业用电用户所带来的经济效益[0.42,1.42]×10^{11}元，分配给一般工业用电用户所带来的经济效益[0.23,1.14]×10^{11}元，分配给农业生产用电用户所带来的经济效益[3.40,6.91]×10^{10}元。与第一阶段相比，第二阶段内各用电用户经济效益比例有所变动，给大工业用电用户所带来的经济效益明显提高，从第一阶段的最小变为第二阶段的最大，而对于居民生活用电用户及农业生产用电用户，在第二阶段内，其光伏发电分配所带来的经济效益值较低。

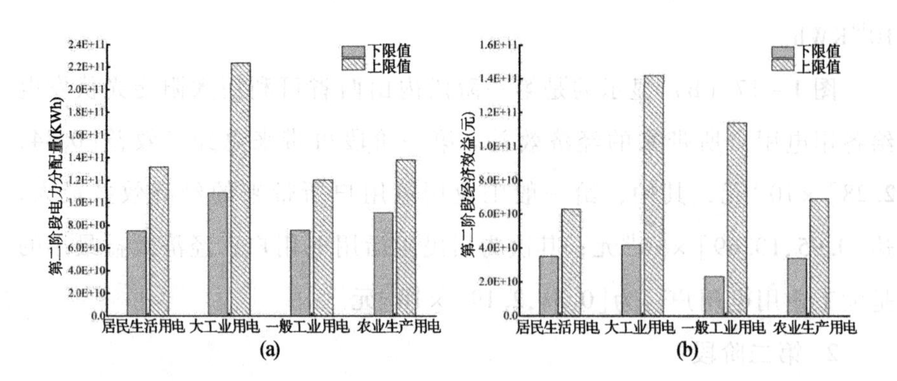

图 1-18 第二阶段电力分配状况（a）及相对应经济效益（b）情况

3. 第三阶段

第三阶段各用电用户电力分配及相对应的经济效益如图 1-19 所示，第三阶段内山西省太阳能光伏可利用发电量在[6.14,8.78]×10^{11} KWh。各用电用户电力分配情况具体为：居民生活用电用户的电力分配量在[1.66,2.24]×10^{11} KWh，大工业用电用户的电力分配量在[1.53,2.58]×10^{11} KWh，一般工业用电用户的电力分配量在[1.69,2.08]×10^{11} KWh，农业生产用电用户的电力分配量在[1.26,1.88]×10^{11} KWh。相较于前两个阶段内的各用电用户电力分配情况，第三阶段的电力分配最为均匀，大工业用电用户的分配量与第二阶段一样，是电力分配中最大的用电用户。四类用电用户中，大工业用电用户的电力分配量上限值最高，其次为居民生活用电用户；而电力分配量下限值最高的是一般工业用电用户，其次是居民生活用电用户。第三阶段内，农业生产用电用户的电力分配量最少，上限值和下限值均为四类用电用户中的最低值。

图 1-19（b）显示的是第三阶段内山西省可利用太阳能光伏发电给各用电用户所带来的经济效益。其中，分配给居民生活用电用户所带来的经济效益为[0.77,1.07]×10^{11}元，分配给大工业用电用户所带来

的经济效益[0.59,1.64]×10^{11}元，分配给一般工业用电用户所带来的经济效益[0.52,1.97]×10^{11}元，分配给农业生产用电用户所带来的经济效益［4.69，9.40］×10^{10}元，四类用电用户总经济效益合计达［2.35，5.61］×10^{11}元。在第三阶段，可利用太阳能光伏发电给各用电用户所带来的经济效益整体有所增加，分配给一般工业用电用户所带来的经济效益成为四类用电用户中的最高值，分配给农业生产用电用户所带来的经济效益是四类用电用户中的最低值。

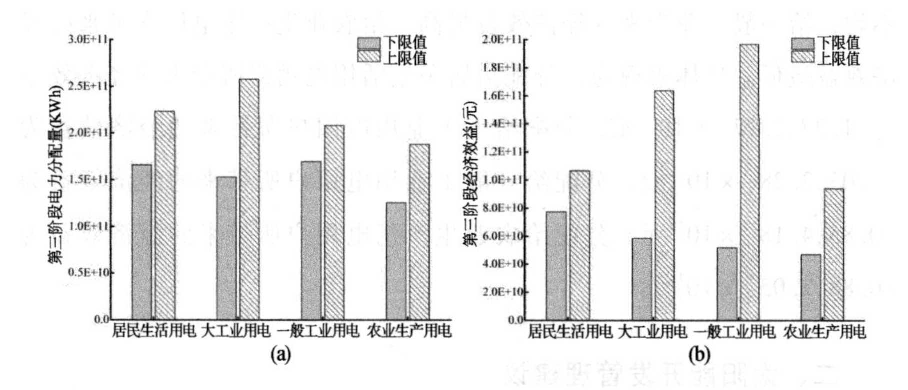

图1－19　第三阶段电力分配状况（a）及相对应经济效益（b）情况

4. 全阶段

各用电用户在整个规划阶段内电力分配情况及相对应的经济效益如图1－20所示。

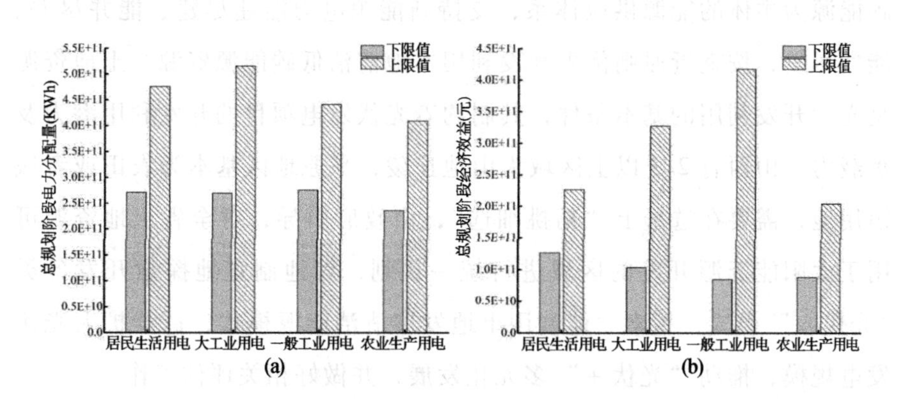

图1－20　总规划阶段电力分配状况（a）及相对应经济效益（b）情况

就电力分配情况而言，整个规划阶段内，各用电用户电力分配较为均匀，其中，大工业用电用户的电力分配量在四类用电用户中较大，为[2.70,5.16]×10^{11}KWh，其次为电力分配量在[2.71,4.76]×10^{11}KWh的居民生活用电用户，而在四类用电用户中电量分配量最小的是农业生产用电用户，为[2.36,4.09]×10^{11}KWh。

整个规划阶段内山西省可利用太阳能光伏发电给各用电用户所带来的经济效益合计达[0.40,1.18]×10^{12}元。四类用电用户之间分配较为不均，给一般工业带来的经济效益最高，给农业生产用电用户带来的经济效益最低。具体表现为：分配给居民生活用电用户所带来的经济效益为[1.27,2.27]×10^{11}元，分配给大工业用电用户所带来的经济效益为[1.03,3.28]×10^{11}元，分配给一般工业用电用户所带来的经济效益为[0.85,4.18]×10^{11}元，分配给农业生产用电用户所带来的经济效益为[0.88,2.05]×10^{11}元。

二、太阳能开发管理建议

（一）强化政府引导，做好规划评估

2022年2月，国家发改委、国家能源局印发《关于完善能源绿色低碳转型体制机制和政策措施的意见》，明确提出要推动构建以清洁低碳能源为主体的能源供应体系，支持新能源电力能建尽建、能并尽并、能发尽发，按就近原则优先开发利用本地清洁低碳能源资源。土地资源是光伏开发利用的基本条件，其制约着光伏发电项目的开发利用潜力及承载力。山西省2/3以上区域为山地丘陵，平原地区基本为农田或者城镇用地，需要在选址上“精挑细选”，由政府引导，对全省土地资源可用于太阳能资源开发的区域进行统一规划，因地制宜地探索开发各类“光伏+”模式，探索立体利用土地发展清洁能源模式，持续扩大光伏发电规模，推动“光伏+”多元化发展，并做好相关评估工作。

除此之外，为巩固电力外送基地国家定位，山西省应持续推动储能

及电力外送通道建设，提升跨区域配置电力资源能力。在此过程中，要对“弃风弃光”现象进行控制，升级扩建已有规划电力设施工程，增加电力输出能力，加强输电通道以及联网通道的调峰互济能力，同时，要避免重视新能源开发而轻视消纳问题，健全储能发展激励政策，引导能源侧如充电桩等储能设施的建设。

（二）规范、完善税收政策，为光伏企业“减负”

税费负担是光伏产业发展最主要的制约因素之一，光伏项目用地不仅涉及土地性质问题，还有未明确的土地使用税问题，譬如农、林、牧、渔等复合光伏项目，即采用农光互补、林光互补、渔光互补等形式的光伏项目所需缴纳的耕地占用税，以及部分光伏项目涉及的城镇土地使用税问题。目前，光伏用地缴税面积大致可分为基于实地面积认定、基于光伏板投影方式认定以及按照光伏组件支架占地认定三类，不同的计取方式直接影响企业所需承担税负的多少。然而，现阶段对于光伏用地缴税面积的认定方式尚没有明确的文件可供参考，缴税额度及缴纳面积同样也因地区而异。

为此，当务之急，首先是出台针对光伏用地征税的实施细则或补充规定，通过规范完善光伏用地税收政策，确属税收范围，明确计税依据，统一计收方式、标准，为光伏用地提供税法保障。同时，可在法律框架内出台地方减、免税优惠政策，对光伏企业用地分类别给予耕地占用税优惠政策，对农、林、牧、渔等复合光伏项目予以耕地占用税减免，为企业“减负”。

另外，鼓励市县政府、金融机构在土地租金、生产厂房、信贷优惠担保等方面加大对光电产业的支持力度，推动将光电产业纳入战略性新兴产业扶持名单，落实各项补贴政策，推动光伏项目建设，加快能源转型和“双碳”战略落地的步伐。

（三）加强技术创新，完善配套产业

目前，省内代表性光伏装备企业有晋能清洁能源、潞安太阳能及日

盛达太阳能等，已具备较大规模的电池制造潜能、具备快速发展的条件，要基于已有的产业优势，鼓励其加强技术研发，努力提高组件光电转化效率，强化光伏电池关键技术的迭代更新。如建立省级技改资金等专项资金，加大对光伏企业技术改造、研发投入、成果转化等方面的财政资金支持力度，加快培育、建设一批拥有自主知识产权和知名品牌、核心竞争力强、行业领先的龙头骨干企业。

另外，山西省内有着丰富的石英砂、铝土矿等矿产资源，可为光伏组件提供所需原材料，要以此为契机延长产业链条，努力争取实现产业链全覆盖，鼓励企业提升工序智能化衔接，采用信息化管理系统和数字化辅助工具，实现智能化生产作业和精细化生产管控，推动智能光伏产业生态体系建设。通过设立太阳能产业发展基金，持续招商引资，按照“政府引导、市场运作”的原则，与社会资本共同设立子基金，以股权投资方式，引导社会资本共同投资太阳能产业。

（四）推广能源替代，实现平稳过渡

目前，山西省还要立足于能源资源禀赋，传统能源的逐步退出必须建立在新能源安全可靠的替代基础上。目前，地面集中式光伏和分布式光伏的开发都是竞争性配置项目，受到国家规模指标的管控，而包括屋顶分布式光伏及自发自用的分布式光伏电站不受“规模指标”限制，可通过宣传引导，鼓励适宜开发利用屋顶分布式光伏的建设，通过拓展分布式光伏发电应用领域，推动新能源和可再生能源高比例发展，以减少对非清洁能源的使用，实现对传统能源的逐步替代，助力山西的资源转型发展。

在此过程中，要做好诸如环保理念、新能源支持政策以及安装可行性评估等知识的普及工作，有针对性地普及安装条件、安装方式、安装面积、安装容量、发电量、运营维护及相关成本收益等知识，克服信息壁垒，提高公众对于光伏太阳能的认知。通过积极宣传，鼓励企业进行光伏利用模式的创新，引导公众根据自身条件利用清洁能源，为“双碳”目标的实现作出贡献。

（五）加强产学研融合，完善人才引进政策

太阳能的开发利用，尤其是光伏制造环节，技术更新迭代快，企业的持续研发离不开专业的管理人才、创新人才，一方面，充分利用省内科研院所及高校在新能源相关领域的研究成果，或是通过加强校企合作成立研究院、实验室等方式，加强人才培养工作，聚焦光伏技术、储能技术及电网等关键技术领域；另一方面，可以在政策层面优化完善人才引进政策，结合发展规划、企业实际按需引才。创新人才引进模式，应避免一味物质化、金钱化，避免引才工作的简单化，让人才引得来留得住，让更多专业技术管理人才向新能源开发领域汇集。

三、小结

本节主要从太阳能光伏发电潜力规划管理的角度，对山西省太阳能资源可利用量分三阶段做了区间规划分析。另外，从强化政府引导、完善税收政策、加强技术创新、推广能源替代、加强产学研融合五个方面对山西省目前太阳能开发管理提出一些建议，以期更加充分地利用山西省的太阳能资源。

第七节　结论与展望

一、结论

本章以山西省为研究对象，通过利用1987—2016年气象站点太阳能资源相关要素数据，完成对山西省太阳能资源的评估。研究内容主要包括以下几个方面：

首先，利用山西省及周边地区30年间21个气象站点的水平面太阳总辐射量数据，通过《太阳能资源评估方法》（GB/T 37526－2019）中气候学计算方法，完成对山西省内各气象站点包括水平面太阳总辐射量等参数的计算。

其次，分两方面对山西省太阳能资源进行评估：一方面，通过GIS软件中克里金插值法对所选28个站点多年年均水平面太阳辐射量及日照时数进行空间上的插值处理，完成对山西省太阳能资源空间分布情况及时间变化特征上的描述；另一方面，选取恰当指标——太阳能资源丰富度、水平面太阳总辐射稳定度、太阳能可利用天数、日照稳定度，进行空间上的插值处理，分地市评价山西省全省范围内的太阳能资源情况。

最后，分析了山西省太阳能光伏发电潜力的核算与区间规划管理，结合地区太阳能资源禀赋，利用山西省地形（坡度、坡向）、土地利用类型、人口密度等空间数据，在完成对山西省太阳能资源空间适宜区分布的评估分析基础上，分类核算出现阶段山西省分布式光伏和集中式光伏发电潜力总量，对其进行区间规划分析，并提出合理的开发管理建议。

本章研究的主要结论有：

第一，山西省年均水平面太阳总辐射量介于4697.80MJ/m^2 ~ 5540.36MJ/m^2，整体上自北向南逐渐减少，南北差异较为显著，且中部盆地区域水平面太阳总辐射量较同纬度两侧地区辐射值偏小，高值区出现在山西省北部，低值区集中在山西省西南部。全省各季节水平面太阳总辐射量波动幅度在160MJ/m^2 ~ 300MJ/m^2，四季中夏季辐射量最大，区域之间差异也较大；冬季则相反，整体辐射量在四季中较低且各地区之间差异较小。分区统计各地市平均水平面太阳总辐射量情况，大同市平均水平面太阳总辐射量最大，达5369.41MJ/m^2，其次为朔州市及忻州市，运城市排在最后，仅为4816.02MJ/m^2。

第二，山西省年均日照时数空间分布与年均水平面太阳总辐射在省内空间分布情况表现相对一致，大体以临汾盆地、运城盆地为中心，自西南向东北方向逐渐增加，北高南低，各地区差异较为明显。朔州市西北部、大同市东部及其东北部是全省日照时数的高值区域。分区统计显示，全省年平均日照时数为 2397.70h，大同市年平均日照时数最高，达 2660.17h，其次为朔州市，运城市最低，为 2113.57h。

第三，山西省 1987—2016 年平均水平面太阳总辐射和日照时数分别以 74.94MJ/（m^2·10a）和 88.75h/10a 的速率递减，整体上减少趋势较为显著（$p<0.01$）。基于分区统计结果，全省各地市年水平面太阳总辐射量下降幅度最小的是太原市，日照时数下降幅度最小的为晋城市，而阳泉市在近 30 年内水平面太阳总辐射量和日照时数减少得最多，分别以 102.50MJ/（m^2·10a）和 126.39h/10a 的速度下降。

第四，山西省在整体太阳能资源丰富度上属于很丰富区域，各地市中，大同市、朔州市、忻州市、太原市和阳泉市 5 市属于太阳能资源很丰富区域，其余各地市均为丰富区域；全省平均水平面太阳总辐射稳定度达稳定等级，GHRS 值由西北向东南方向递增，晋城市平均 GHRS 值最大。省内大部分地区多年平均太阳能资源可利用天数在 200 天以上，呈现由西南向东北方向递增的特点。而全省日照稳定度 K 值介于 1.62～3.88，空间分布整体上较为稳定。

第五，山西省分布式光伏适宜建设区域总面积为 6453km^2，屋顶可装光伏组件面积 677.57km^2，光伏组件装机容量为 43364.16MW，年发电潜力可达 56177.68GWh；最适宜开发建设集中式光伏发电区域面积为 13941km^2，光伏组件容量 627345MW，年发电潜力总量达 821190.35GWh。

第六，整个规划阶段内，大工业用电用户的电力分配量最大，为 $[2.70, 5.16]\times10^{11}$ KWh，其次是居民生活用电用户，农业生产用电用户的电力分配量最小，为 $[2.36, 4.09]\times10^{11}$ KWh。所带来的经济效益合计可达 $[0.40, 1.18]\times10^{12}$ 元，其中，分配给一般工业用电用户所带来的经济效益值最高，为 $[085, 4.18]\times10^{11}$ 元，分配给农业生产用电用户带来的经济效益值则最低。

二、研究不足与展望

本研究在数据选取方面，由于所需数据类型较多且时限较长，数据获取具有一定的限制。例如，对区域太阳能资源进行评估通常以30年辐射数据为宜，达不到要求时应至少收集10年的数据，而个别具备辐射资料的气象站点或撤销或新建，无法达到对太阳能资源评估所需数据具备的条件。同时，省内气象站点的相关数据获取也有限，这对于站点辐射数据的推演、精细化评估地区太阳能资源有一定的影响。

此外，在光伏电站适宜开发利用上，更精细化的地形、土地利用类型数据也会使研究结果有大的改善与提升。

第二章　风能发电设施空间优化布局

第一节　研究背景和国内外研究现状

一、研究背景及意义

（一）研究背景

能源是人类活动的物质基础。一方面，我国已经进入需要大量消耗能源的阶段，经济社会的迅速发展和人口的快速增长，给能源供应端带来了极大压力。化石燃料是不可再生资源，储量有限，而我国仍处在以煤、石油为主的化石燃料供应能源需求阶段。随着近年来工业发展以及城镇化进程的加快，能源需求量与供应量之间的不匹配问题愈发凸显，能源供需形势也呈紧张状态，能源短缺制约经济社会发展是我国亟须解决的一大难题。另一方面，传统化石燃料的大量无节制使用以及不合理利用，给生态环境带来了巨大压力。在我国能源供应链中，煤炭占比仍旧最大，以煤炭资源为主的传统能源布局结构没有改变。煤炭开采过程中对土地资源、植被资源以及水资源的影响极大，开采沉陷造成的矿区土地大面积积水或盐渍化，使矿区水土流失，土地荒漠化加剧。火力发电、工业锅炉以及民用燃煤等煤炭的直接燃烧使用给大气环境造成了严重的污染，危害到了人民身体健康。基于此，能源结构转型升级、开发利用新能源、推广清洁能源的使用已经成为社会经济和环境可持续发展的必然趋势。

国务院于2010年10月10日发布了《国务院关于加强培育和发展战略性新兴产业的决定》（国发〔2010〕32号），将新能源纳入七大战略性新兴产业之一。党的十八大报告指出："加强节能降耗，支持节能低碳产业和新能源、可再生能源发展，确保国家能源安全。"在2019年太原能源低碳发展论坛上，习近平总书记致贺信，指出："能源低碳发展关乎人类未来。"由此可见，推进新能源发展与利用已经成为国家政府工作的一项重要内容。

《山西省2019年国民经济和社会发展统计公报》显示，2019年全年全省一次能源生产折标准煤7.6亿吨，比2017年增长6.9%；二次能源生产折标准煤5.3亿吨，增长4.9%；全年全社会用电总量为2261.9亿千瓦小时。随着社会的发展，山西省能源生产增加，但同时，能源消耗量也在增加。山西省作为典型的以煤炭等化石能源为依赖的资源型地区，正处于转型升级阶段，发展新能源、坚持绿色转型是必然要求。

（二）研究意义

1. 理论意义

山西省风能生产潜能核算具有重要的理论意义。对山西省这一资源型城市的风能生产潜能进行核算，有利于厘清新能源生产潜能的相关内涵。从理论方法上看，研究基于相关气象要素分析与定量表达、GIS空间分析方法（包括空间插值与适宜性分析），为其他资源型地区的风能生产潜能核算提供理论支持，对资源型地区新能源发展理论作出了进一步补充和完善，研究结果有助于推进区域环境管理等相关领域的理论研究。

2. 现实意义

山西省风能生产潜能核算具有重要的现实意义。新能源的推广使用是社会、经济和环境可持续发展的内在要求。随着山西省能源需求量的增加，在资源型地区转型升级大的背景下，优化能源产业结构布局，开发利用新能源已经是必然趋势。本章研究了山西省风能生产潜能的评估核算，研究结果有助于夯实后期的能源规划基础，以期科学合理地对新能源进行分配。同时，也为其他资源型地区新能源生产潜能核算提供了相关依据，与后期新能源规划一起实现区域可持续发展的目标。

二、国内外研究现状

（一）国外研究现状

1. 基于不同对象的研究现状

Joselin Herbert 论述了包括尾流效应在内的风能资源评估模型、选址模型和气动模型，讨论了现有的不同的风能系统性能和可靠性评估模型，对风能转换系统的设计、控制系统和经济性的不同技术和负荷进行了比较①。María Isabel 和 Blanco 介绍了欧洲风能项目发电成本的最新研究结果、对其影响最大的因素、增长背后的原因，并作出了风能投资仍是未来的大热方向的预估②。R. Saidur 对风能资源进行了比较研究，并针对风电机组实施过程中存在的问题、解决方案和建议进行了阐述，提出风能将减少环境污染和水的消耗，但也存在噪声污染、视觉干扰，并会对野生动物产生负面影响③。David 以太阳能发电为主题，与 CSP 技术相结合，在反射镜和集热器的设计和材料、吸热和传热、发电和蓄热等方面进行了改进④。Matt 论述了提供生物质能的作物生产的关键管理措施，包括牧草种植与设施、肥力管理和收获管理⑤。J. S. Bake 以生物

---

① G. M. Joselin Herbert, S. Iniyan, E. Sreevalsan. A review of wind energy technologies [J]. Renewable and Sustainable Energy Reviews, 2007, 11: 1117 - 1145.

② María Isabel, Blanco. The economics of wind energy [J]. Renewable and Sustainable Energy Reviews, 2009, 13: 1372 - 1382.

③ R. Saidur, N. A. Rahim, M. R. Islam. Environmental impact of wind energy [J]. Renewable and Sustainable Energy Reviews, 2011, 15: 2423 - 2430.

④ David Barlev, Ruxandra Vidub. Innovation in concentrated solar power [J]. Solar Energy Materials and Solar Cells, 2011, 95: 2703 - 2725.

⑤ Matt. Biomass, Energy, and Industrial Uses of Forages [R]. The Science of Grassland Agriculture, Ⅱ, 7TH Edition.

质能为研究对象，建立了概念模型用于评估固碳和生物质能政策之间的关系[①]。Muham 考察了 1990—2015 年中东和北非地区外国直接投资（FDI）与碳排放之间的关系，证实了经济增长与碳排放之间存在反馈效应，生物质能利用与二氧化碳排放之间的联系也是双向的[②]。Maw 对东南亚地区的生物质能资源、能源潜力、利用和管理进行了综合叙述和评价[③]。

2. 基于不同方法的研究现状

Biberacher 和 Gadocha 针对奥地利可再生能源的载体进行评估，运用系统对比方式来对奥地利全境各种可再生能源载体的空间分化潜能作出可视化图纸表达；在规划项目中精选出区域优先级能源载体，并对太阳能、水力、风能、生物能、地热等可再生能源载体的潜能进行系统建模和空间分化[④]。Aydin 以土耳其南部区域为研究对象，综合运用 GIS 相关的分析评价方法，分析了气象要素等其他因素，最终确定出了风能生产中风力发电机的最佳安装位置[⑤]。Abbey 针对风能生产，提出了全新的风力发电机的储能管理方法，并使用各种测试条件对系统的性能进行了全面评估[⑥]。为了最大限度地利用风能，Andrew 提出了一种基于风

---

① J. S. Baker, C. M. Wade, B. L. Sohngen, S. Ohrel, A. A. Fawcett. Potential complementarity between forest carbon sequestration incentives and biomass energy expansion [J]. Energy Policy, 2019, 126: 391-401.

② Muham, Shahbaz. Foreign direct Investment - CO2 emissions nexus in Middle East and North African countries: Importance of biomass energy consumption [J]. Journal of Cleaner Production, 2019, 217: 603-614.

③ Maw Tun. Biomass Energy: An Overview of Biomass Sources, Energy Potential, and Management in Southeast Asian Countries [J]. Energy Policy, 2019, 125: 275-280.

④ Prinz T, Biberacher M, Gadocha S, Mittlböck M, Schardinger I, Zocher D, et al. //Energie und Raumentwicklung. Räumliche Potenziale erneuerbarer Energieträger, Austrian Conference on Spatial Planning. Vienna: Austrian Conference on Spatial Planning (ÖROK), 2009: 1-131. Institution series 178.

⑤ Aydin, N. Y., Kentel, E., Duzgun, H. S. GIS-based site selection methodology for hybrid renewable energy systems: A case study from western Turkey [J]. Energy Conversion and Management, 2013, 70: 90-106.

⑥ Abbey, Member, Géza Joos. Supercapacitor Energy Storage for Wind Energy Applications [J]. Energy Policy, 2018, 136: 289-292.

场分布的风力发电机组布局模型，并用多目标规划算法来解决模型优化问题[①]。Julian 提出了一种新的屋顶太阳能光伏发电预测方法，并将数字滤波应用于最近的历史发电数据，以确定特定地点的特征发电概况[②]。Fausto 提出了一种模糊多准则方法评估太阳能的 CSP 技术，利用改进的 TOPSIS 法对太阳塔（ST）、抛物面太阳槽（PST）、CLFR 和 DS 进行了评价[③]。Latinopoulos 和 Kechagia 综合考虑了各种相关影响因素，运用 GIS 和多属性综合评价技术，确定了希腊风力发电设施的最佳空间位置[④]。

三、国内研究现状

（一）基于风能不同领域研究现状

在风能资源产业发展领域，贺德馨提出，风能是一种清洁的可再生能源，也是目前可再生能源中技术相对成熟，并具备规模化开发条件和商业化发展前景的一种能源[⑤]。陆威文提出，大力扶持包括风能在内的新能源产业发展，推动新能源产业创新，对改善经济构成、生态环保与可持续发展都有巨大价值[⑥]。

在风能资源开发、风力发电评估领域，也有一些相关研究进展。郭

---

① Andrew Kusiak, Zhe Song. Design of wind farm layout for maximum wind energy capture [J]. Renewable Energy, 2010, 35: 685 - 694.

② Julian Hoog, Ramachandra Rao Kolluri. Rooftop Solar Photovoltaic Power Forecasting Using Characteristic Generation Profiles [J]. Future Energy Systems, 2019 (6): 376 - 377.

③ Fausto Cavallaro, Edmundas Kazimieras Zavadskas, Dalia Streimikiene, Abbas Mardan. Assessment of concentrated solar power (CSP) technologies based on a modified intuitionistic fuzzy topsis and trigonometric entropy weights [J]. Technological Forecasting and Social Change, 2019, 140: 258 - 270.

④ Latinopoulos D., Kechagia K. A GIS - based multi - criteria evaluation for wind farm site selection. A regional scale application in Greece [J]. Renewable Energy, 2015, (78): 550 - 560.

⑤ 贺德馨．风能开发利用现状与展望［C］．中国可再生能源学会．中国可再生能源学会第八次全国代表大会暨可再生能源发展战略论坛论文集．中国可再生能源学会：中国可再生能源学会，2008：48 - 55.

⑥ 陆威文，张璞，苟廷佳．农村新能源产业现状与区域经济发展研究——以青海省为例［J］．农业经济，2020（06）：105 - 106.

星通过对某地9.9万千瓦风力发电项目的现状调查评估和预测评估，将工程建设区划分为地质灾害危险性中等区和地质灾害危险性小区①。任年鑫针对中国丰富深水风能和波浪能资源开发的未来需求，提出一种张力腿式风力机与垂荡式波浪能装置相集成的新型浮式结构系统②。黎季康以一个我国南海的算例，说明了一些连续性指标是对风能资源丰度类指标的有益补充③。

魏欣桃对陕西省宝鸡市陇县金润河北镇风电场的气象条件、风功率密度、平均风速、主导风向等风能参数进行分析评价④。姚旭明利用广西桂林地区测风塔资料，对所选区域的风能资源进行测算评估⑤。王俊乐对西藏的风能资源情况进行分析并就西藏风电的开发情况作出了初步统计⑥。陆鸿彬运用测风资料及数值模拟结果对四川省的风能资源和详查结果进行了分析研究⑦。王哲利用欧洲中期天气预报中心（ECMWF）的风场资料，对1997—2016年俄罗斯北部海域风能资源展开评估，识别潜在海上风电场建址区域⑧。周丹丹、胡生荣利用中国气象局等部门发布的最新相关数据资料，对内蒙古自治区的风能资源概况及其开发利用现状进行了综合分析⑨。郑崇伟基于来自欧洲中期天气预报中心的

---

① 任年鑫，朱莹，马哲，周孟然．新型浮式风能－波浪能集成结构系统耦合动力分析［J］．太阳能学报，2020，41（05）：159－165.

② 郭星．风力发电项目地质灾害危险性评估探讨［J］．华北自然资源，2020（03）：91－92.

③ 黎季康，李孙伟，李炜．一种评估近海风能资源稳定性的新指标［J］．电力建设，2020，41（05）：108－115.

④ 魏欣桃．陕西省金润河北镇风电场风能资源开发评估［J］．能源与节能，2020（04）：45－47.

⑤ 姚旭明，姚永鸿．广西桂林地区山地风能资源开发评估［J］．红水河，2019，38（03）：44－47.

⑥ 王俊乐，洛松泽仁．西藏风能资源及其开发情况浅析［J］．太阳能，2018（10）：15－17＋71.

⑦ 陆鸿彬，张渝杰，孙俊，邓国卫．四川省风能资源详查和评估［J］．高原山地气象研究，2018，38（03）：61－65＋79.

⑧ 王哲，张韧，葛珊珊，张明，吕海龙．俄罗斯北部海域风能资源的时空特征分析［J］．海洋科学进展，2018，36（03）：465－477.

⑨ 周丹丹，胡生荣．内蒙古风能资源及其开发利用现状分析［J］．干旱区资源与环境，2018，32（05）：177－182.

ERA－Interim风场资料，综合考虑风能密度的大小、资源的可利用率、富集程度、稳定性、资源储量，对“21世纪海上丝绸之路”的风能气候特征展开系统性研究[①]。曹希勃详细剖析现阶段东北地区风能资源开发与风电产业发展工作存在的弊端[②]。蒋运志分析了风能的特点、桂林风能的分布特点、风电发展存在的问题[③]。佟昕分析了辽宁省风能资源的分布情况，在辽宁省自然条件的基础上，结合地区优势，总结了辽宁省风力发电的产业规模、风电场的建设情况[④]。

（二）基于能源的不同测算方法研究现状

能源测算过程中，GIS工具应用于不同领域。张节潭分析了太阳能风能开发对资源精细化评价的需求，提出了基于GIS自动化的区域建筑屋顶太阳能、风能资源精细化评估技术[⑤]。王健对风能资源评估中的几个关键问题进行了分析，并对“WAsP”以及GIS应用进行了总结与探究[⑥]。刘超群以小高山风电场选址为研究对象，基于RS和GIS技术相结合的方法，运用Meteodyn－WT软件实现了风电机组的快速高效布置[⑦]。马翼飞利用GIS系统中的缓冲区分析以及叠置分析等特有的空间分析功能，结合层次分析法判定太阳能光伏电站的地理优势区域[⑧]。王利珍借助地理信息系统（GIS）平台的空间分析功能研究我国各地太阳

---

① 郑崇伟.21世纪海上丝绸之路：风能资源详查［J］．哈尔滨工程大学学报，2018，39（01）：16－22.

② 曹希勃．东北地区风能资源开发与风电产业发展研究［J］．信息记录材料，2016，17（06）：77－78.

③ 蒋运志，黄英，伍静，秦艳芬．桂林风能特点及其开发利用建议［C］．中国气象学会．第33届中国气象学会年会S13“互联网＋”与气象服务——第六届气象服务发展论坛．中国气象学会：中国气象学会，2016：129－132.

④ 佟昕．辽宁省风能利用及研究开发现状［J］．中国能源，2012，34（09）：39－41.

⑤ 张节潭，李春来，杨立滨，郭树锋．基于GIS自动化的区域建筑屋顶太阳能风能资源精细化评估技术［J］．制造业自动化，2020，42（06）：146－149＋156.

⑥ 王健．关于风能资源评估中几个关键问题的分析［J］．科技风，2019（05）：134.

⑦ 刘超群，刘敏，曾德培，施昆．基于RS和GIS的风电场微观选址的应用研究［J］．建筑节能，2018，46（07）：108－112.

⑧ 马翼飞．基于GIS的太阳能光伏能源电站选址方法的研究与应用［D］．北方民族大学，2020.

能辐射强度频数和发电潜力空间分布[①]。

吴凡基于全生命周期评价理论（LCA），以风电工程项目为研究对象，将风电场站项目及配套的联网工程项目两部分进行了研究[②]。郑艳琳根据山东省2010年统计年鉴数据，对山东省生物质资源总量和生物质能总量进行了测算，并对利用生物质能产生的环境效益进行了分析[③]。张国晨以内蒙古自治区生物质能源为研究对象，展开了对生物质能源发展模式的研究[④]。张文锋基于超效率SBM模型，对中国沿海11个省市2006—2016年的能源效率进行了测算[⑤]。张双益引入了气候预测系统再分析（CFSR）数据，以江苏响水海上风电场为例开展了长年代风能资源评估[⑥]。

臧良震利用自下而上分析方法测算了中国林木生物质能源的资源潜力，并对变化趋势进行分析[⑦]。徐伟利用Ecotect求取典型建筑表面全年太阳辐射模型，构建了光伏建筑太阳能利用潜力评价模型，对包商银行光伏系统太阳能利用潜力进行评价[⑧]。李勇采用改进型灰靶理论建立了评价模型，创新性地提出了一种基于改进型灰靶理论的“风能资源综合利用率”的概念和评价模型[⑨]。于谨凯基于WSR系统方法论，从物理、事理、人理三个层面选取指标构建海洋风能资源开发利用合理度评

---

① 王利珍，谭洪卫，庄智，雷勇，李进．基于GIS平台的我国太阳能光伏发电潜力研究[J]．上海理工大学学报，2014，36（05）：491-496.

② 吴凡．基于LCA理论的风电项目碳减排效果分析［D］．华北电力大学，2019.

③ 郑艳琳，李福利，刘芳．山东省生物质能总量测算及其环境效益分析［J］．安徽农业科学，2011，39（27）：16734-16735.

④ 张国晨．内蒙古自治区生物质能源发展模式研究［D］．天津大学，2012.

⑤ 张文锋．中国沿海地区能源效率的时空演化分析［J］．辽宁师范大学学报（自然科学版），2019，42（04）：538-542.

⑥ 张双益，胡非，王益群，张继立．利用CFSR数据开展海上风电场长年代风能资源评估[J]．长江流域资源与环境，2017，26（11）：1795-1804.

⑦ 臧良震，张彩虹．中国林木生物质能源潜力测算及变化趋势［J］．世界林业研究，2019，32（01）：75-79.

⑧ 徐伟，张慧慧．公共建筑光伏系统太阳能利用潜力评价［J/OL］．重庆大学学报：1-11[2020-06-16].

⑨ 李勇．风能资源利用效率评价研究［D］．东北电力大学，2017.

价指标体系[①]。赵振宇选取太阳能、风能和生物质资源的丰度指标进行测算，建立了可再生能源丰度评价模型[②]。

（三）研究述评

通过以上分析，表明能源生产潜力研究是一个循序渐进的过程。在研究范围方面从某一种新能源的测算研究延伸到包括太阳能、生物质能在内的多种新能源研究，最终在各种新能源研究领域有了较大的发展。在研究方法上，将不同学科的计量模型、计量方法引入风能潜能、建址工程选址、发电设施效率等的研究中来，由定性逐渐转入定量研究，目前多以定量研究为主。

虽然研究范围的不断扩展，使风能资源的研究取得了较大的发展，但仍然存在一些需要进一步探究的问题。比如，到目前为止，以 GIS 工具应用于能源研究中，多是对工程设施最优化选址的研究。虽然 GIS 技术应用广泛，但尚未在风能生产潜能核算方面有更多的应用。更重要的是，大多的新能源研究地区多集中在高山荒漠地带，未能充分考虑社会经济的发展，将研究目光放在资源型城市之上，所以也没有更进一步地将能源生产与供应之间的供需关系进行表达。所以本研究以资源型地区山西省为研究对象，运用 GIS 空间分析技术将其用于风能生产潜能的核算，结合相关的风能资源评估指标，对风能资源可利用量与实际需求消耗量进行对比分析，进一步拓宽风能生产研究领域。

四、研究内容与研究方法

（一）研究内容

一是山西省风能资源分布整体评估。利用山西省 2005—2019 年 15

---

① 于谨凯，亢亚倩．海洋风能资源开发利用合理度评价研究——基于 WSR 系统方法论和三角模糊数 [J]．海洋经济，2018，8（03）：12－19.

② 赵振宇，樊伟光．北京市可再生能源资源丰度评价与空间相关性分析 [J]．农村电气化，2020（06）：59－64.

年间15个气象站点的测量数据，选取合适的评价指标，通过对指标在GIS软件中利用克里金插值法进行空间插值处理，对山西省全年的风能资源分布情况进行评估：对山西省区域内80米高空风速、等效利用小时数、风功率密度这些相关指标在省内的空间分布状况及全年和各季节的时间变化情况进行分析。

二是山西省风能资源生产潜能，即可利用量的测算。利用山西省的土地利用、地形分布等数据，对山西省内风电场的适宜建设区域进行适宜性评价分析，同时测算得到目前社会经济、技术和地形等自然因素限制下的山西省风能资源可利用量，与当前全省全社会的用电需求量进行对比分析。

三是针对山西省风能资源可利用量，对山西省风能资源可利用量进行区间规划分析，提出合理的开发管理建议。

（二）研究方法

1. 理论分析与实证分析结合

在对新能源、风能生产潜能等已有相关研究成果的基础上，将GIS工具和相关数学函数模型应用到风能资源分布评估与风能生产潜能的可利用量核算中。理论分析的目的是为后期实证分析提供基础，便于最后研究目标的实现和关键问题的解决。

2. 定性分析与定量分析结合

在前期理论以及后期建议措施方面，本研究采取定性分析的研究方法，在实证研究部分采取的是定量分析的研究方法。本研究将定性分析与定量分析进行了结合，在定量分析部分采用的一些方法主要有空间插值法和适宜性分析法。

（1）空间插值法

插值分析作为离散函数逼近的主要方法，可以通过有限个数量点上的值，估算出区域内其他点上的值。空间插值方法种类多样，可以分为两大类，分别是确定性插值和地统计插值。确定性插值又有局部性插值和全局性插值之分，反距离加权差值、局部多项式插值、全局多项式插值等都属于确定性插值。地统计插值主要指的是克里金插值法。克里金插值法与其他插值方法相比，在数据网格化的过程中考虑到了区域空间上的一些相关性质，相对而言，最后的插值结果更加科学合理，与研究区域实际情况的吻合度更高，因此，本研究选取克里金插值法进行研究区域的空间插值分析。

（2）适宜性分析法

GIS 具有强大的空间数据分析功能。在 GIS 里实现分析空间数据，即从空间数据中获取有关地理对象的空间位置、分布、形态、形成和演变等信息，并进行分析。空间基本分析基于空间图形数据的分析计算，即基于图的分析。

适宜性评价，是指根据各项土地利用的不同要求，分析区域土地开发利用的适宜性，确定区域开发的限制制约因素，从而寻求土地利用的最佳方式和规划利用的合理方案。适宜性分析经常被应用于城市规划中。其范围基本分为五大类：一是城市建设用地的评价；二是农业用地的评价；三是自然保护区以及区域旅游用地的评价；四是区域规划和景观规划；五是选址分析。

本研究的内容之一是对山西省风能资源的可利用量进行核算。以此为目标，在 GIS 中，对目前社会经济技术条件下不适宜建设风电场的区域进行排除，统计得到山西省风能资源可利用的区域，即风电场建设的适宜区域。而后再根据相关的计算方法，得到山西省风能资源可利用量的总值，最终完成生产潜能的核算。

（三）研究的创新之处

1. 资源型地区风能生产潜能核算

针对包括风能在内的一些新能源研究，以往国内外学者的研究区域大都集中在远离城市的荒芜之地，并未能考虑到区域社会经济发展的需求，比如一些资源型城市会面临长期依赖的资源枯竭的危机。因此，本研究以此为出发点，将研究区域着眼于资源型地区，并以山西省为具体的研究对象，对其进行风能生产潜能的核算，以期为山西省资源转型发展作出一定研究贡献。

2. 研究方法的创新

对山西省风能资源可利用量进行区间规划分析，相比于传统线性规划得到的单一最优值，区间规划得到的是取值区间，更具有参考意义。

（四）研究技术路线

本章的技术路线如图2-1。

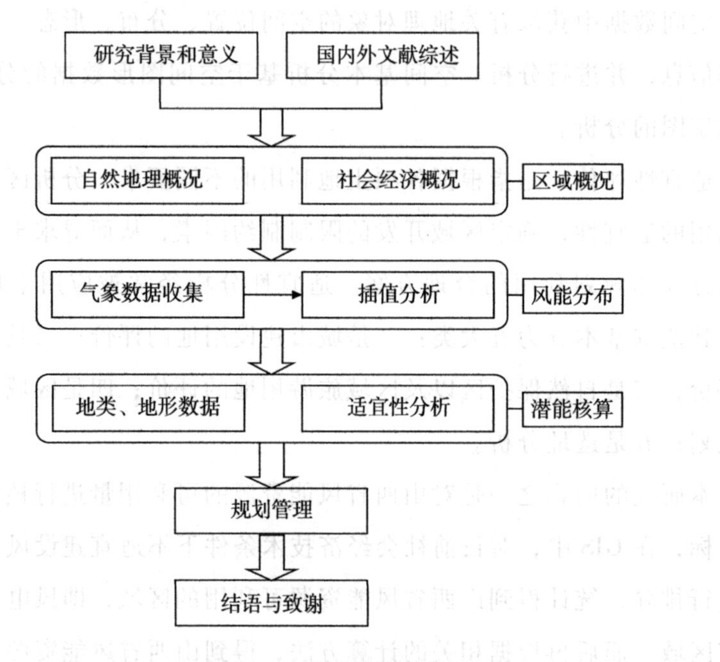

图2-1 研究技术路线

第二节 相关概念及理论概述

一、相关概念

风是地球上的一种自然现象，它是由太阳辐射热引起的。太阳辐射照射到地球表面，地球表面因各处受热不均，产生温差，从而引起大气的对流运动形成风。

风能作为一种太阳能的转换形式，是空气流动所产生的动能。风能属于可再生能源，是清洁能源，储量大、分布广，但它的能量密度低，且存在不稳定状态。风能作为一种无污染和可再生的新能源，有着巨大的发展潜力，特别是在偏远地区以及正处于能源转型阶段的地区。作为可以提供生产和生活所需能源的有效途径，风能的开发和利用有着极其重要的意义。

二、理论方法概述

（一）空间插值法

空间插值法主要指的是克里金插值法。克里金插值法步骤繁多，主要分为两大阶段：一是构建合适的拟合曲线模型；二是计算相关参数，并对已知点的属性值进行分析处理，得到区域内任意点的估测值。其计算公式如下所示：

$$ZV^* = \sum_{i=1}^{n} \lambda_i Z(X_i) \tag{2-1}$$

上述公式中，ZV^* 代表的是估计值；λ_i 指的是顺序为 i 的统计值的权重系数；$Z(X_i)$ 表示的是顺序为 i 的统计值，n 为统计值的总个数。

针对权重系数，其计算方法如下所示：

$$\begin{cases} \sum_{i=1}^{n} \lambda_i = 1 \\ \sum_{i=1}^{n} \lambda_i Cov(x_i, x_j) - \beta = Cov(x_i, x_j) \end{cases} \tag{2-2}$$

在上述表达式中，$Cov(x_i, x_j)$ 表示的是统计值之间的一个协方差；β 代表的是拉格朗日乘子；$Cov(x_i, x_0)$ 表示的是统计值与预测估算值二者之间的协方差。

克里金插值算法中，常用的半变异函数的理论模型主要包括指数模型、高斯模型、阻尼正弦、球状模型等。在对气象要素进行插值分析时，相对而言，球状模型的插值效果较为突出。球状模型的公式如下所示：

$$\begin{cases} 0 & h = 0 \\ C_0 + C\left(\dfrac{3h}{2a} - \dfrac{h^3}{2a^3}\right) & h \in (0, a] \\ C_0 + C & h > a \end{cases} \tag{2-3}$$

式中 h 为距离矢量，a 为变程。

（二）空间分析法

根据作用的数据性质不同，可以分为：基于空间图形数据的分析运算；基于非空间属性的数据运算；空间和非空间数据的联合运算。空间分析的基础是地理空间数据库，其运用的手段包括各种几何的逻辑运算、数理统计分析，代数运算等数学手段，最终的目的是解决人们所涉及地理空间的实际问题，提取和传输地理空间信息，特别是隐含信息，以辅助决策。

GIS 空间分析具体应用有以下六种。

1. 地形分析

地形分析是目前 GIS 分析中常用的技术，主要包括高程、坡度、坡向、水文（基于地形的汇水线）分析。在景观规划中，通过 GIS 对地形、水分、视野、绿化种类、动植物生态廊道、生态斑块等进行分析就可以生成合理的蓝绿生境①。

2. 三维场景模拟

三维场景模拟可以用 3D 的方式模拟现状及规划的地形、交通、水系、植被、建筑等场景，让人们以更直观的数字环境感受地形地貌和场地氛围，同时为道路交通规划、项目布局等方案设计内容提供优良的研究基础。

---

① 蓝绿生境，即通常所讲的绿化空间。

3. 视域分析

视域分析包括点与点之间是否相互通视、点的可视域、线路的可视域、面的可视域等多种分析。

4. 生态廊道分析

在景观规划中，涉及生态敏感性和建设适宜性分析。利用 GIS 技术，通过对地形、水系、土地、植被、建筑等因子的单项分析评价，运用地图叠加的方法生成综合的分析结果，根据生态敏感性高、中、低等层级划分生态保护区域，以期对场地进行更合理的规划。

5. 交通网络分析

GIS 可以通过构建网络数据集，将线状要素（道路、铁路、高架等）和点状要素（出入口、停靠点、交汇点）导入网络数据集，设置连通性、通行成本、转弯半径等交通属性，精确构建交通网络，还可模拟单行线、路口禁转、红灯等待、分时路况以及地上和地下多层交通变换等路况，在此基础上计算最短行车路径，为道路交通规划及服务设施规划提供准确的指导。

6. 其他分析

除此之外，结合可见性分析和拓扑计算，量化描述、评价空间结构形态的性质及其对人类活动的潜在作用，可以揭示城市形态的生成规律；GIS 还可以对经济联系、人口的空间分布、可达性、污染、噪声分布、POI 兴趣点等进行分析。

（三）区间规划理论基础

1. 线性规划理论

线性规划是求解实际问题中方案最优解的一种数学模型，包含目标函数、约束变量以及变量值三个最基本的部分。具体来说，线性规划模型的共同特征如下：目标函数表示要解决的问题，根据实际情况求取目标函数的最大值或者最小值；设定一组适合的决策变量（$X_1, X_2, \cdots, X_{i-1}, X_i$）来代表所要解决问题的方案，不同的决策变量的值代表不同的方案；对于目标函数，结合实际情况有一系列的约束条件，可以用相关数学关系式表达出来。

对于线性规划模型，一般情况下用如下关系式表示：

$$\max f = \sum_{j=1}^{n} z_j x_j$$

$$\begin{cases} \sum_{j=1}^{n} z_{ij} x_j = c_i, i = 1,2,\cdots,m \\ x_j \geqslant 0, j = 1,2,\cdots,n \end{cases} \tag{2-4}$$

上式也可以转化为矩阵的形式，如下所示：

$$\max f = ZX$$

$$\begin{cases} AX = b \\ X \geqslant 0 \end{cases} \tag{2-5}$$

上式中，有：

$$Z = (z_1, z_2, z_3, z_4)$$

$$A = \begin{pmatrix} a_{11} & \cdots & a_{1n} \\ \cdots & \cdots & \cdots \\ a_{m1} & \cdots & a_{mn} \end{pmatrix} \tag{2-6}$$

其中，Z 代表价值向量，X 是决策价值的变量向量，b 是资源向量。

在各个值确定的情况下，线性规划模型可以求出一个最优的解决方案。然而，实际生活复杂多变，不同情况下相关值不同，Z、X、b 往往不是一组确定的数值，在存在这种不确定性的情况下，线性规划已经无法寻求出方案的最优解，因而有了区间规划的介入。

2. 区间规划理论

区间规划主要用于解决现实生活中的一些不确定性问题①②③。相对

① 姜超．考虑源－荷不确定性的多能互补微电网区间规划［D］．东北电力大学，2020.

② 李昀桓．不确定条件下珠海市可持续发展的能源环境系统规划研究［D］．华北电力大学（北京），2019.

③ 祝颖．综合全无限规划方法应用于能源系统管理［D］．华北电力大学，2014.

于线性规划的解是一组确定的数值，区间规划解出的是含有上限与下限的范围区间，实际生活中参考意义更大。区间规划主要是在线性规划的基础上引入区间参数而产生的，区间规划的基本数学模型如下：

$$\max \otimes f = \otimes Z \otimes X \tag{2-7}$$

其中，有：

$$\begin{aligned} &\otimes A \otimes X \leqslant \otimes b \\ &\otimes X \geqslant 0 \end{aligned} \tag{2-8}$$

上述表达式中有：$\otimes(A) \in \otimes(F)^{m\times n}$；$\otimes(b) \in \otimes(F)^{m\times 1}$；$\otimes(Z) \in \otimes(F)^{1\times n}$。$\otimes(F)$ 表示的是由区间参数组成的矩阵。$\otimes(A)$、$\otimes(b)$、$\otimes(F)$ 三个区间参数中，区间参数符号是一致的，也就是说，有：

$$\otimes x \geqslant / \leqslant 0, iff \underline{\otimes} x \geqslant / \leqslant 0 \ and \ \overline{\otimes} \geqslant / \leqslant 0, x = a_{ij}, b_j, z_i, \forall i, j \tag{2-9}$$

区间规划模型除上述常规形式之外，还具有多种不同的函数形式，应用于不同的实际情况：

$$sign[\otimes(f)] = \begin{cases} 1 & if \otimes(f) \geqslant 0 \\ -1 & if \otimes(f) < 0 \end{cases} \tag{2-10}$$

$$\otimes(|g|) = \begin{cases} \otimes(g) & if \otimes(g) \geqslant 0 \\ -\otimes(g) & if \otimes(g) < 0 \end{cases} \tag{2-11}$$

$$\underline{\otimes}(|g|) = \begin{cases} \underline{\otimes}(g) & if \otimes(g) \geqslant 0 \\ -\overline{\otimes}(g) & if \otimes(g) < 0 \end{cases} \tag{2-12}$$

$$\overline{\otimes}(|g|) = \begin{cases} \overline{\otimes}(g) & if \otimes(g) \geqslant 0 \\ -\underline{\otimes}(g) & if \otimes(g) < 0 \end{cases} \tag{2-13}$$

在求解区间规划模型的过程中，主要思想是对区间规划模型进行拆分，分别求出区间上限模型的解和区间下限模型的解，在 LINGO 软件或其他数学分析软件中实现。具体来说，求解区间规划模型大致可以表述为如下四个步骤：

步骤一，确定 $\otimes Z = (\otimes z_1, z_2, \cdots, \otimes z_{n-1}, \otimes z_n)$ 当中 $\otimes z_r (r = 1, 2, \cdots, n-1, n)$ 的正负号。可以对其进行假设：

$$\begin{cases} \otimes z_r \geqslant 0 & j = 1, 2, \cdots, s \\ \otimes z_r < 0 & j = s+1, s+2, \cdots, n \end{cases}$$

步骤二，列出 $\overline{\otimes} h_{opt}$ 对应的模型，同时对其求解：

$$\max \overline{\otimes}(f) = \sum_{j=1}^{s} \overline{\otimes}(z_j)\overline{\otimes}(x_j) + \sum_{j=s+1}^{n} \overline{\otimes}(z_j)\underline{\otimes}(x_j) \tag{2-14}$$

其中有：

$$\sum_{j=1}^{s} \underline{\otimes}(|a_{ij}|) sign[\otimes(a_{ij})]\overline{\otimes}(x_j)/\overline{\otimes}(|b_i|) + \sum_{j=s+1}^{n} \overline{\otimes}(|a_{ij}|)$$
$$sign[\otimes(a_{ij})]\underline{\otimes}(x_j)/\underline{\otimes}(|b_i|) \leqslant sign[\otimes(b_i)], \forall i\ \otimes(x_j) \geqslant 0, \forall j$$

对上述线性规划公式进行求解，就可以求出 $\overline{\otimes} h_{opt}$、$\overline{\otimes} x_{jopt}(j = 1, 2, \cdots, s)$、$\underline{\otimes} x_{jopt}(j = s+1, s+2, \cdots, n)$ 的解。将 $\overline{\otimes} x_{jopt}(j = 1, 2, \cdots, s)$、$\underline{\otimes} x_{jopt}(j = s+1, s+2, \cdots, n)$ 二者组构成为一组约束条件代入 $\underline{\otimes} h_{opt}$ 对应方程式，可以进行求解。

步骤三，列出 $\underline{\otimes} h_{opt}$ 对应的模型，同时对其求解：

$$\max \underline{\otimes}(f) = \sum_{j=1}^{s} \underline{\otimes}(z_j)\underline{\otimes}(x_j) + \sum_{j=s+1}^{n} \underline{\otimes}(z_j)\overline{\otimes}(x_j) \tag{2-15}$$

其中，有：

$$\sum_{j=1}^{s} \overline{\otimes}(|a_{ij}|) sign[\otimes(a_{ij})]\underline{\otimes}(x_j)/\underline{\otimes}(|b_i|) + \sum_{j=s+1}^{n} \underline{\otimes}(|a_{ij}|)$$
$$sign[\otimes(a_{ij})]\overline{\otimes}(x_j)/\overline{\otimes}(|b_i|) \leqslant sign[\otimes(b_i)], \forall i\ \otimes(x_j) \geqslant 0, \forall j$$

$$\begin{cases} \underline{\otimes}(x_j) \leqslant \overline{\otimes}(x_j)_{opt} & j = 1, 2, \cdots, s \\ \overline{\otimes}(x_j) \geqslant \underline{\otimes}(x_j)_{opt} & j = s+1, s+2, \cdots, n \end{cases}$$

对上述线性规划公式进行求解，就可以求出 $\underline{\otimes} f_{opt}$，$\underline{\otimes} x_{jopt}(j = 1,$

$2, \cdots, s)$，$\bar{\otimes} x_{jopt}(j = s+1, s+2, \cdots, n)$ 的解。

步骤四，对步骤二和步骤三求得的解进行整理，得到区间规划的最优区间解以及最优值的区间。

三、小结

本节对研究所涉及的相关概念以及方法理论作了介绍，主要包括两方面的内容：一是风的概念及风能的内涵；二是相关方法理论的阐述，涉及各种插值方法以及空间分析在 GIS 中的应用、区间规划理论等。

第三节　山西省区域概况

一、自然地理概况

（一）地理位置

山西省作为中国的一个省级行政区划，坐落于境内中部区域，东与太行山相邻，西部有中国第二大河黄河流经，北部邻接内蒙古，向南则与河南省以黄河为界相对而望。山西省省域面积达到了 15.67 万平方公里，达到了中国疆域总面积的 16.3% 左右。山西省的地理位置如图 2－2 所示。

总体而言，山西省界呈现出南北方向较长、东西方向较短，由西南方向斜指东北方向的轮廓。目前，山西省下辖 11 个地级市，119 个县。以晋北、晋中、晋南来划分的话，山西省晋北地区包括大同市、朔州市、忻州市 3 个地级市；晋中地区包括吕梁市、太原市、晋中市、阳泉市 4 个地级市；晋南区域包括临汾市、运城市这两个晋西南地级市和长治市、晋城市两个晋东南地级市。省会城市是太原市，地处晋中地区北部，行政区划内包含 6 个城区以及 3 个县级地区。

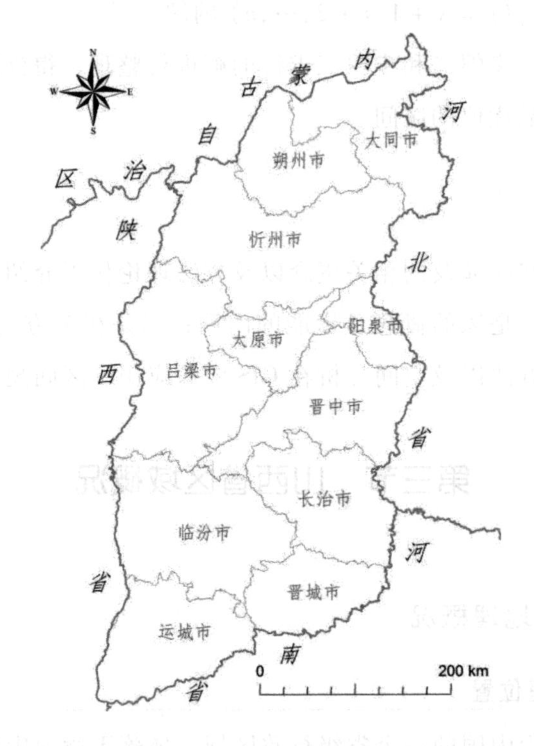

图 2-2 山西省地理位置

(二) 地形与地貌

山西省地势主体上呈现一个"凹"字状，东部有太行山，西部有吕梁山，汾河从省内中间区域穿过，总体来看是"两山夹一川"。两侧地表隆起，多山地丘陵，中间区域相对而言地势较低，由南至北，分别是运城盆地、临汾盆地和大同盆地。山西省地表起伏程度较大，地形较为复杂，分布有山地、丘陵、台地、平原以及谷地等多种地形。其中，又以平原、山地、丘陵三种地形分布面积最广。同时，山西地处黄土高原，地表侵蚀作用强烈，具有显著的黄土地貌，沟谷较多，破碎化程度较高。总体而言，山西的地形海拔北高南低，由南至北的话，海拔呈现阶梯状上升的趋势。山地等地表隆起处与沟谷等地表凹陷处的海拔落差较大，造就了多种多样的自然景观。

（三）气候特点

山西省处于亚欧大陆东岸的中纬度地带的内陆地区，温带大陆性气候特征较为显著。夏季高温多雨，冬季较为寒冷干燥，雨热同期，春、夏、秋、冬之间有较为明显的划分，属于温带大陆性季风气候。山西省年平均气温在3℃～14℃，在三个方面有着较大的温度差：首先是冬季和夏季气温之间的差值较大，夏季太阳高度角较大，地表热量较多，冬季太阳高度角减小，同时受到来自西伯利亚的冷空气团的影响，冬夏之间气温差异显著；其次，气温的日较差比较大，晋南和晋北地区的温度差值也大，同一季节，运城市、临汾市等南部地区的温度要高于大同市、朔州市等北部地区。山西省内年降水量在400mm～700mm，降水的多少受地形因素的影响程度较大。位于山区的区域降水量较大，全省北部的五台山区域、西部的吕梁山区域以及南部运城市的中条山区域降水较多。相对而言，盆地的降水要少，同时季节分配不均匀，降水主要集中在6～8月份的夏季，可以达到全年的60%甚至更重的占比。晋南地区的全年无霜期较长，晋北地区较短。同时，高海拔地区的无霜期比低海拔地区的无霜期要长。

（四）水文状况

山西省地处黄河与海河两大流域的分水岭上，省内河流支流较多，数量达到了1000多条。其中，河流的流域面积大于100平方公里，同时河流长度大于150公里的河流数量达到了240条；省内的听水河、汾河、三川河等河流的流域面积甚至超过了4000平方公里，其中，汾河的河流长度最长，达到了694公里。黄河及其支流的流域面积占比较大，占省内全部面积的62%左右；海河及其支流水系的流域面积占比在38%左右。

（五）自然资源状况

1. 矿产资源分布

山西省矿产资源的储量极为丰富，目前被人类发现的矿产资源种类超过了120种，其中，被明确探查到储藏数量的超过了70种。镓、铝矾土、沸石、珍珠岩和煤炭的储量在全国各大省份中排名第一。其中，煤炭资源更是储量异常丰富，占到了国家煤炭资源探明储量的1/3，同时，煤炭资源的品种较多、质量较好，年开采量也大。其他矿产资源如石膏、铁矿、铜矿等也有较多储量，共同在山西省的经济建设中发挥了重要作用。不可忽视的是，在长期利用以煤炭为代表的化石能源的过程中，山西省出现了一系列问题，包括矿产在开采过程中的生态破坏问题和能源在使用过程中的环境污染问题等，一定程度上制约了山西省的经济发展。

2. 水资源分布

山西省的水资源总体来说比较短缺。2018 年，山西省水资源总量是 121.93 亿立方米。水资源在时间上和空间上的分配都是极不均匀的。地表水资源的补给主要来源于降水，夏季较多，冬季较少；水资源的空间分配上也是不平衡的，东南区域的水资源相对西北区域来说较为充足。全省的水资源人均占有量、亩均占有量都排在全国人均占有量、亩均占有量的末位。

3. 生物资源分布

山西省森林资源在全国省份中并不突出，相对较少。晋北地区主要分布有温带草原以及灌木丛，林地资源较少；晋中地区分布有落叶阔叶林；晋南地区是山西植被资源较为丰富的地区，种类较多、数量较大。动物资源中，以陆地栖息生物为主，目前有记录的有 463 种之多，包含多种国家重点保护动物以及一些具有极大的科研价值和经济价值的生物物种。

二、社会经济状况

（一）生产总值

山西省 2020 年国民经济和社会经济发展公报显示，2019 年，山西省地区生产总值达到了 1.7×10^4 亿元，人均地区生产总值为 45724 元。其中，第一产业生产总值为 8.24×10^2 亿元，占比达到了 4.8%；第二

产业生产总值为 7.45×10^3 亿元，占比达到了 43.8%；第三产业生产总值为 8.75×10^3 亿元，占比达到了 51.4%。在地区生产总值中，占比较大的是第三产业，第一产业在地区生产总值中占比较小。

（二）能源利用

2019 年，山西省一次能源生产量为 66696.22 万吨标准煤，回收了 1112.45 万吨标准煤。终端消费的能源总量为 17473.11 万吨标准煤，其中：第一产业能源消费量为 308.12 万吨标准煤；第二产业能源消费总量为 13453.32 万吨标准煤；第三产业能源消费总量为 2139.48 万吨标准煤；人民生活能源消费量为 1572.19 万吨标准煤。第三产业的能源消耗量较大，第一产业的能源消耗量较小。

山西省近三年国民经济和社会经济发展公报显示，2017 年，山西省一次能源的产量为 65901.2 万吨标准煤，其中，风能、光能、水力发电的占比为 1.23%；2018 年，山西省一次能源的产量为 70766.55 万吨标准煤，其中，风能、光能、水力发电的占比为 1.51%；2019 年，山西省一次能源的产量为 75663.09 万吨标准煤，其中，风能、光能、水力发电的占比为 1.62%，近三年新能源占比呈上升趋势。

三、小结

本节对山西省区域概况进行了分析，主要包括两方面内容：一是山西省的自然地理概况，包括地理位置、地形地貌、气候水文以及自然资源的分布；二是从生产总值与能源生产两方面描述了山西省的社会经济概况，为后期评估分析打下了基础。

第四节　指标选取与数据处理

一、数据介绍

一般情况下，风能资源生产潜力是利用连续一年及以上时间观测到的风电场数据完成测算的。基于数据的可获得性和研究的可操作性，为提高山西省风能资源评估测算的科学性、准确性，研究利用的数据主要包括山西省2005—2019连续十年间气象站的每小时观测数据、2015年Landsat8遥感影像数据、相关年份山西省社会经济统计数据等。

（一）气象站数据

本研究利用的山西省15个国家基本气象站2005—2019年观测到的气象数据全部来源于国家气象信息中心的气象科学数据共享平台——中国气象数据网。气象站在山西省的地理位置如图2-3所示，编号、名称、经纬度等基本情况如表2-1所示。

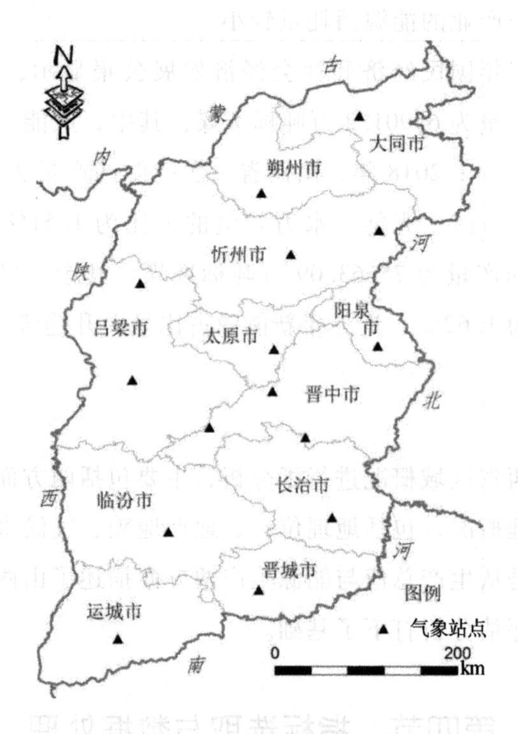

图2-3 气象站点地理位置

为保证研究的可靠性，所选取的国家基本气象站站点在山西省11个地级市中，每个市至少有一个，分布较为均匀，所获取的气象数据具有代表性。

表 2-1 气象站点基本情况

站点编号	站点名称	经度	纬度
53487	大同	113.4035	40.0794
53863	介休	111.9247	37.0757
53764	离石	111.1621	37.5290
53868	临汾	111.5063	36.0664
53578	朔州	112.4342	39.3333
53588	五台山	113.5957	38.9761
53664	兴县	111.2384	38.4613
53673	原平	112.7276	38.7454
53772	太原	112.5596	37.8291
53782	阳泉	113.5840	37.8585
53787	榆社	112.8721	36.9761
53882	长治	113.1302	36.2079
53959	运城	111.0158	35.0335
53975	阳城	112.4042	35.5055
53775	太谷	112.5441	37.4239

（二）遥感数据

本研究所用到的山西省土地利用现状数据来源于中国科学院资源环境科学数据中心2015年使用Landsat8遥感影像数据更新的土地利用数据（http：//www.resdc.cn）。在解译方法上，采用人机交互式方法，细致到区县为单元，同时参考1:100万草地图、1:100万植被图，而后在GIS软件中实现解译分析。

（三）社会经济数据

其他辅助性数据包括山西省行政区划矢量图层，作为底图在数据处理分析过程中使用，以及后期分析用到的山西省及各地市全社会用电量等社会经济数据，来源于山西省统计年鉴，可以从山西省统计中心官方网站直接获得。

二、指标选取

在近年来环境污染、能源短缺问题日益突出的严峻形势下，着力开发污染小、储量大的新能源迫在眉睫。其中，风能资源储量大、风力发电项目开发研究得较早，我国风力发电技术日益走向成熟。地区风能资源潜力评估测算无疑是风电建设的重要环节。然而，在风能资源评估中，由于地表高低起伏不平、覆被类型复杂多样，局部地形对风能有着很大的影响，仅通过简单的模拟不能准确地对风能资源进行评估。目前，主流方法是利用气象数据结合相关分析方法来进行风能资源评估。

根据可操作性和数据的可获得性，要选取适当的风能资源评估指标进行潜力评估。

（一）平均风速

风速是不稳定的，随时间变化速率较快、幅度较大。平均风速是给定的时间内观测到的风速的平均值，该值是反映一个地区风资源状况的重要评价指标。通常情况下，在风能资源评估中要采用较长时间序列内的风速平均值作为评估指标去评估风能资源。其计算公式为：

$$v = \frac{1}{n}\sum_{i=1}^{n} v_i \tag{2-16}$$

其中，n 代表时间序列内风速个数；v_i 为某一时刻的风速。

（二）有效风时数

风力资源与其他常规能源不同，对于有些评价指标来说，指标值越大，并不代表风能资源可利用性越强。对于风力发电机来讲，为保证运行期间的稳定性与安全性，在使用时有一个有效风区间。风速处于有效风区间内，风力发电机正常运行；风速不在有效区间内，风力发电机停止运行。有效风区间的最小值称为风力发电机的切入风速，最高值为风力发电机的切出风速。在观测期间，介于两个值之间的风速的累积持续时长称为有效风时数。作为风能资源评估的重要指标，有效风时数越大，代表地区的风能资源可利用量越大。一般情况下，有效风时数的计算公式为：

$$T = \sum_{v_i = v_0}^{v_n} T(v_i) \tag{2-17}$$

其中，v_i 表示某一时刻的风速，T 表示时间，v_0 为切入风速，v_n 为切出风速。我国标准《风电场风能资源评估方法》中，切入风速为 3m/s，切出风速为 20m/s。

（三）风功率密度

风是矢量，有风速和风向之分。与风向垂直的单位面积风所蕴含的功率，被称为风功率密度。它所代表的是单位时间单位面积中空气流动所产生的风能。风功率密度是风能资源评估的一个重要综合指标，它蕴含着包括风速、空气密度等多方面的影响，对风能资源评估具有重要的意义。风电场中，风功率密度可以直接观测得到。受到数据可获得性的局限，本研究中风功率密度的计算公式如下：

$$P = \frac{1}{2n}\sum_{i=1}^{n}\rho v_i^3 \tag{2-18}$$

在上述公式中，P 代表的是风功率密度（W/m^3）；n 表示的是统计的时间段内风的记录次数；ρ 表示的是统计站点的空气密度；v_i 表示的是统计时间内第 i 个统计记录的风速大小。

通常情况下，为计算简便，有时候会采用一个定值来进行代替计算。空气密度主要受大气中压力和温度的影响，为保证分析过程的科学性和合理性，本研究中空气密度用理想气体外推定理获得。用以下公式来表示：

$$\rho = \frac{p}{GT_0} \tag{2-19}$$

以上公式中，ρ 是空气密度（单位是 kg/m^3）；p 是对应点上的大气压力（单位是 Pa）；G 代表的是干燥空气的大气气体常数（287.058J/kg）；T_0 是对应点上的空气温度。

（四）年发电量

评价地区的风能资源，不仅要对风速、有效风时数、风功率密度等风本身固有的属性进行分析，还要考虑到由于社会经济和技术的限制，对于风能资源，人类现阶段所能开采到的实际可用的风能资源总量还有待提高。目前，风能利用的形式是建设风力发电厂，借助风力发电机将风能转化为电能，被人类加以利用。随着科学技术的发展，人类在风电利用方面的技术逐步走向成熟，如今市场上风电机种类多样，各有优缺点。本研究选取了目前市场上较为主流的风力发电机 Vestas V90，将其作为后期测算参考机器。Vestas V90 型号的额定功率、切入和切出风速等与风机相关的参数如表 2－2 所示。

表 2－2　Vestas V90 风力发电机部分参数

风机类型	切入风速（m/s）	切出风速（m/s）	叶片直径（m）	轮毂高度（m）	额定功率（kW）
Vestas V90	4	25	90	80	3000

研究以上述型号风力发电机为参考，来计算区域内风力发电机将风能转化为电能的年发电量。计算公式如下所示：

$$E = P_0 h_0 kn \tag{2-20}$$

在上述公式中，P_0 表示的是风力发电机的额定功率；h_0 表示的是等效满负荷数；k 是风场修正系数；n 为风力发电机的数量。

根据相关研究，风场修正系数的值在 0.83～0.9，可以将 0.86 作为研究的统一修正系数①。等效满负荷数与有效风时数不同，它代表的含义是额定功率下某型号的风力发电机的运行总时长。一般情况下，等效满负荷数是风场中风力发电机参考相关研究，等效满负荷数与风速之间存在一定的线性关系②。相关公式如下所示：

① 参见参考文献[49]。

② 参见参考文献[50]。

$$h_0 = 704.62v - 2772.9 \quad (2-21)$$

将等效满负荷数用上述关系式算出之后代入计算年发电量的公式中，以便完成后续的风能资源可利用年发电量计算。

三、数据处理

依据所选指标，可以对山西省的风能资源进行合理评估和有效测算。需要重视的是，气象站点的数据是点数据，不进行任何处理的话是不能代表整个山西省这个面的数据。同时，风电场的建设受到地形、土地覆被等的影响，需要对风电场适宜建设区域进行合理选址分析。本研究主要是运用 GIS 工具，利用其强大的空间分析功能，完成对数据的一系列处理，以期完成对山西省的风能资源生产潜力的评估与测算。

（一）风速外推

在所得气象站数据中，气象站所测量的风速数据是在地面以上 10 米高度上进行的，而风力发电机的轮毂高度[①]为 80 米，二者高度不一致。因此，需要对 10 米高度上的风速数据进行处理，将其外推至风力发电机的轮毂高度，得到轮毂高度处的风速大小。外推公式如下所示：

$$v = v_0\left(\frac{h}{h_0}\right)^m \quad (2-22)$$

其中，v_0 是原始高度处的风速大小；h_0 是原始高度；m 表示的是一个幂率指数，其值大小取决于地表粗糙度，本研究在考虑计算可行性的基础上，参考相关文献研究，取其值为 0.143[②]。

（二）插值分析

研究所选取的 15 个气象站的测量数据并不能代表整个山西省，也无法对山西省内的每个点都做到测量统计。这种受工作量大、实施困难等因素的影响，从而不能对研究区域的每一个位置进行测量统计的情

---

① 此处指风机轮毂距离地表的高度。

② 参见参考文献[51]。

形，可以通过所选气象站点的测量值，运用适当的数学模型，对山西省内所有区域进行数据值预测，形成一个连续的预测值面。这种分析方法称为区域的插值分析。

插值分析作为离散函数逼近的主要方法，可以通过有限个数量点上的值，估算出区域内其他点上的值。空间插值方法种类多样，可以分为两大类，分别是确定性插值和地统计插值。确定性插值又有局部性插值和全局性插值之分，反距离加权差值、局部多项式插值、全局多项式插值等都属于确定性插值。地统计插值主要指的是克里金插值法。克里金插值法与其他插值方法相比，在数据网格化的过程中考虑到了区域空间上的一些相关性质，相对而言，最后的插值结果更加的科学合理，与研究区域的实际情况吻合度更高，因此，本研究选取克里金插值法进行区域的空间插值分析。

（三）风电场建设选址分析

风能资源的利用受到风本身以及人类社会包括经济发展、政策技术等在内的各方面影响，因而需要对于山西省内风电场的适宜建设位置进行合理分析。依据原国家质量监督检验检疫总局和中国国家标准化管理委员会发布的《区域风能资源评估方法（2007）》，利用 GIS 中能满足空间分析需求的多种实用工具，结合山西省土地利用和地形地貌数据，以气象数据为基础对山西省的风功率密度等指标的空间分布进行分析，排除山西省内不适宜建设风电场的相关区域，得到山西省内风能资源适宜开发区域的位置和面积大小等，完成对山西省内风能资源可利用量的测算。

1. 剔除暂不开发地区

标准中提到，在区域风能资源储量的估算中，针对风电场适宜的建设位置，需要排除的区域有沼泽地区域、湿地区域、水体区域、自然保护区域、历史遗迹地区、基本农田以及城市区域等，城市周围还要有 3 公里的缓冲区。除此之外，还要剔除海拔过高的一些山区和高原区域。

结合山西省的实际情况，在GIS软件中利用相关工具，剔除一些省内不适宜建风电场的区域，得到可以建设风力发电厂的区域位置数据。在这个过程中，剔除的区域主要包括表2－3所示的几类。

表2－3　　风电场建设剔除区域

剔除区域	不利因子	缓冲区（m）
城市、农村居民点	人类健康	3000
林区、基本农田	土地利用限制	500
山地（海拔>3000m）	地形限制	500
沼泽、湿地、水体	安全风险	400
交通设施	安全风险	500

2. 风能资源可利用量测算

在GIS中进行风电场限制性因素的剔除之后，得到山西省风电场适宜建设区域及其面积等相关数据，可以计算出适宜建设区域内风力发电机的安装数量，最终可以完成对山西省的风能资源可利用量的测算。

在风电场内，一般情况下，要让风力发电机呈矩形方阵的形状排列，同时风力发电机的方向要垂直于盛行风的风向，两排风力发电机之间互相呈齿轮状交错。根据风力发电机的型号，以其叶轮直径为参照物，风力发电机矩阵的行间距在5至10倍的叶轮直径之间；列间距比行间距要小一些，在叶轮直径的3至6倍之间。综合以上分析而言，在1平方公里区域内，安装的Vestas V90风力发电机数量约为5台。

四、小结

本节首先对研究所用到的各类数据包括气象数据、遥感数据、社会经济数据进行了介绍；其次选取了适当的评价指标，对各类指标作出了介绍；最后为不同指标的计算选取了合适的计算方法，对相应的数据作出相关处理。由此可以得到山西省风能资源的分布与实际可利用量。

第五节 山西省风能资源评估分析

通过对指标的插值处理、适宜性分析等一系列操作，可以对山西省全年的风能资源的分布情况及被人类利用的风能资源总量作出评估分析。对山西省的风能资源评估主要从两方面入手：一方面对山西省的80米高空风速、等效利用小时数、风功率密度这些相关指标在山西省的空间分布与季节变化情况进行分析；另一方面对山西省内风电场的适宜建设区域作出评估分析，同时测算得到目前社会经济、技术和地形等自然因素限制下的山西省风能资源可利用量，并对其进行对比分析。

一、风能分布状况

本研究对山西省的风能资源分布状况分析主要从两方面入手：一方面对山西省风能资源的地理空间分布作出横向分析；另一方面对不同指标在全年的春、夏、秋、冬四季的时间分布状况作出纵向分析。

（一）80米高空风速分布

对山西省2005—2019年这15年的气象数据进行处理分析，得到的各站点在80米高空的全年风速状况如表2－4所示。表2－4显示，无论是春、夏、秋、冬，五台山气象观测站四季的风速数据均高于其余气象观测站点的数据，而临汾气象站点风速则全年最低。各气象站点中，除五台山气象站点风速在冬季最高之外，春季的80米高空风速相较于另外三个季节而言也普遍更高。

表2－4　　山西各气象站点80米高空风速大小

站点编号	站点名称	风速（m/s）				
		全年	春	夏	秋	冬
53487	大同	4.5875	5.4387	4.1838	4.1121	4.5886
53863	介休	4.1141	5.0824	3.7415	3.3864	4.2029

续表

站点编号	站点名称	风速（m/s）				
		全年	春	夏	秋	冬
53764	离石	3.8308	4.1891	3.7966	3.5654	3.7662
53868	临汾	2.9307	3.2998	3.0297	3.0812	2.3121
53578	朔州	3.3351	4.0389	3.0062	2.985	3.2863
53588	五台山	8.3605	8.9087	6.6308	8.1813	9.6527
53664	兴县	4.3534	4.7367	4.1072	4.2458	4.3184
53673	原平	3.7421	4.4021	3.5136	3.3263	3.7071
53772	太原	3.6275	4.3321	3.4679	3.0824	3.6027
53782	阳泉	3.6589	4.1658	3.1581	3.312	3.9775
53787	榆社	3.8627	4.3961	3.7369	3.5487	3.7574
53882	长治	4.4824	5.4102	4.2593	4.0834	4.1479
53959	运城	4.0385	4.4888	4.2222	3.6152	3.8151
53975	阳城	3.3589	3.9152	3.3043	3.0368	3.1617
53775	太谷	3.655	4.3725	3.3124	3.1599	3.7485

对80米高空风速进行克里金插值处理之后，结果如图2－4所示。可以直观地看到，山西省年均80米高空风速的分布状况。整体来看，全省年均风速由东北向西南方向递减，最高风速8.4m/s，最低风速小于3m/s。最高风速出现在五台山周围地区，包括大同市的东南部、忻州市的东北部，风能资源储量较丰富；最低风速出现在晋南地区，临汾市面积占比较大，此外还包括运城市北部、晋城市西部的部分区域，年均风速均小于3m/s，风能资源相对较少。全省大部分区域的80米高空风速集中在3m/s～4.1m/s，风能资源可利用潜力较大，风速低于3m/s的地区的面积较小。晋东北区域与晋西南区域相差较大，晋东北地区以五台山地区为主，风速较高，空气活动剧烈，风能资源相对分布较多；晋西南区域以临汾盆地为中心，风速较低，空气运动相对不太频繁，风能资源相对分布较少，尤以临汾市为代表；晋中地区风速变化跨度较大，吕梁市年均风速在该区域内相对较小，太原市、晋中市部分区域以及阳泉市的风速大于5m/s。

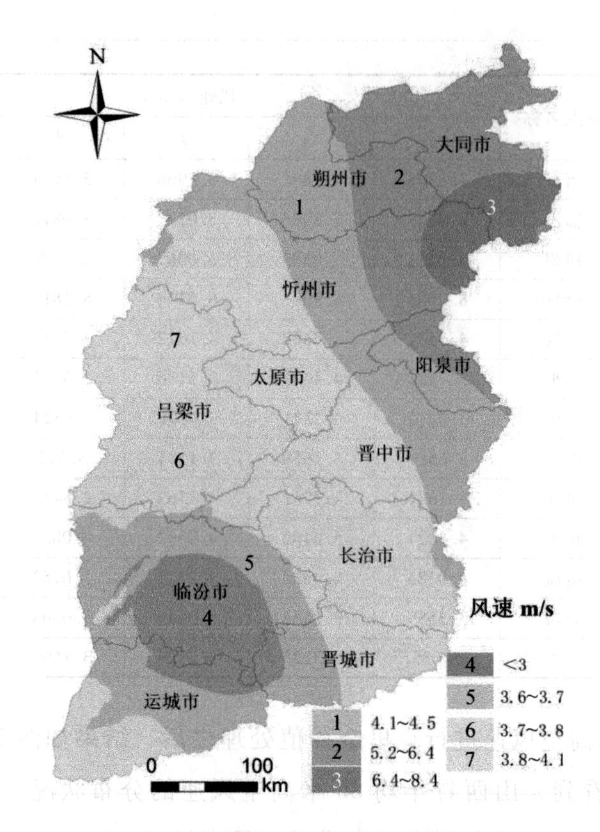

图 2-4 山西省 80 米高空风速年均分布

图 2-5 显示的是山西省 80 米高空处风速在春、夏、秋、冬四个不同季节的地理分布情况。全年四季中，高空风速在春季、冬季两个季节的活动较为剧烈，风速变化幅度范围较大；夏季空气活动较为稳定，风速的幅度变化较小。

春季，全省风速均大于 3m/s，风能资源分布状况最好。晋东北地区，高空风速由西向东逐渐增大，最高风速 8.9m/s，出现在忻州市东北部五台山地区、大同市的南部地区以及朔州市东部的部分地区；晋西南地区，高空风速以临汾盆地为中心，向东北和西南方向逐渐减小，最低风速 3.2m/s，出现在临汾市绝大部分区域、晋城市西部地区以及运城市的东北部地区；晋中地区以及晋西北区域、晋东南区域的风速分布无明显规律。全省大部分地区春季风速处在 3.2m/s ~5.4m/s，风能资源分布较丰富。

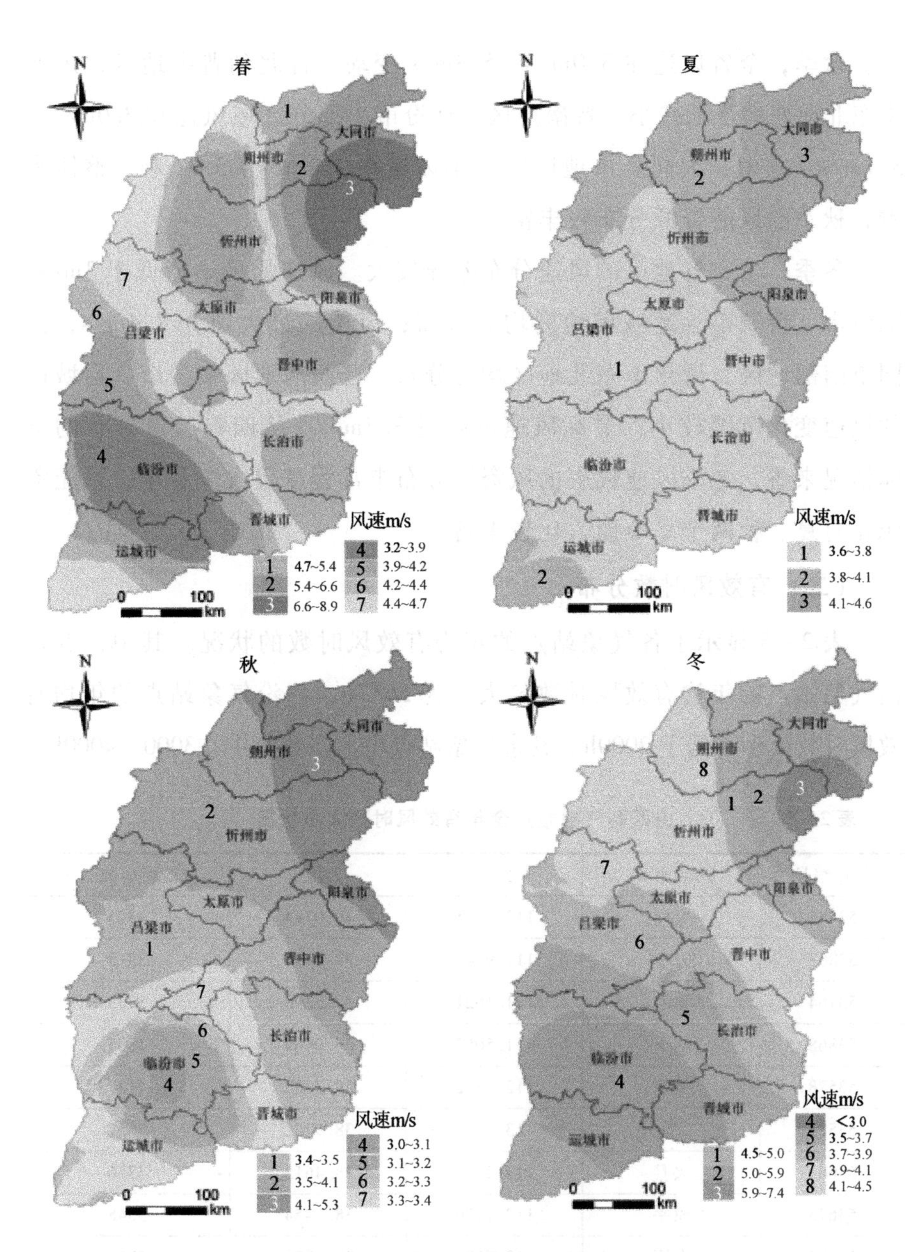

图 2-5 山西省 80 米高空风速四季分布

夏季，全省 80 米高空处风速变化幅度较小，各地市差异不大。除运城市西南部分区域外，全省风速由东北向西南逐渐减小，全省风速处在 3.6m/s ~4.6m/s，无特别大的风速区域。

秋季，全省风速在3.0m/s～5.3m/s变动。晋北到晋中地区，风速由东北向西南逐渐减小，晋南地区、临汾市小部分区域风速在3.0m/s～3.1m/s。其中，大同全市地区的夏季风速在4.1m/s～5.3m/s。整体来看，秋季的风能资源分布较丰富。

冬季，全省各地区的风速分布差异较大。风速的最小值低于3m/s，临汾市、晋城市、运城市地区均有分布；风速的最大值为7.4m/s，大同市南部地区、忻州市东北地区均有分布。晋西南地区临汾市、运城市的风速变化范围较小，最高风速不超过3.7m/s。从四季风速分布的整体情况来看，冬季风速代表的风资源分布丰富程度仅次于春季，风能资源相对夏、秋两个季节而言比较丰富。

（二）有效风时数分布

表2－5显示了各气象站点的年均有效风时数的状况。其中，五台山气象站点的年均有效风时数最大，为5657h，临汾气象站点的年均有效风时数最小，低于2000h。其余气象站点中，多数集中在3000～4000h。

表2－5　　山西各气象站点全年有效风时数大小状况

站点编号	站点名称	经度	纬度	有效风时数（h）
53487	大同	113.4035	40.0794	4325
53863	介休	111.9247	37.0757	3378
53764	离石	111.1621	37.5290	3959
53868	临汾	111.5063	36.0664	1985
53578	朔州	112.4342	39.3333	4132
53588	五台山	113.5957	38.9761	5657
53664	兴县	111.2384	38.4613	3766
53673	原平	112.7276	38.7454	3548
53772	太原	112.5596	37.8291	4016
53782	阳泉	113.5840	37.8585	3902
53787	榆社	112.8721	36.9761	3264
53882	长治	113.1302	36.2079	2358
53959	运城	111.0158	35.0335	4322

续表

站点编号	站点名称	经度	纬度	有效风时数（h）
53975	阳城	112.4042	35.5055	3365
53775	太谷	112.5441	37.4239	3217

图2-6显示了山西省全年风能资源有效风时数在省内区域的整体分布情况。整体来看，有效风时数的分布在晋北地区由西向东逐渐减小，大同市东南部、忻州市东北部，以及朔州市东部的小部分区域的有效风时数是省内高值区域，在4800~5700h；晋南地区以及晋中的南部区域以临汾、长治地区为中心，由内向外，有效风时数逐渐增大，有效风时数的低值区域也在1900~2800h。晋南区域中，运城南部地区有效风时数相对较高，达到了4000h以上，风能资源储量丰富。

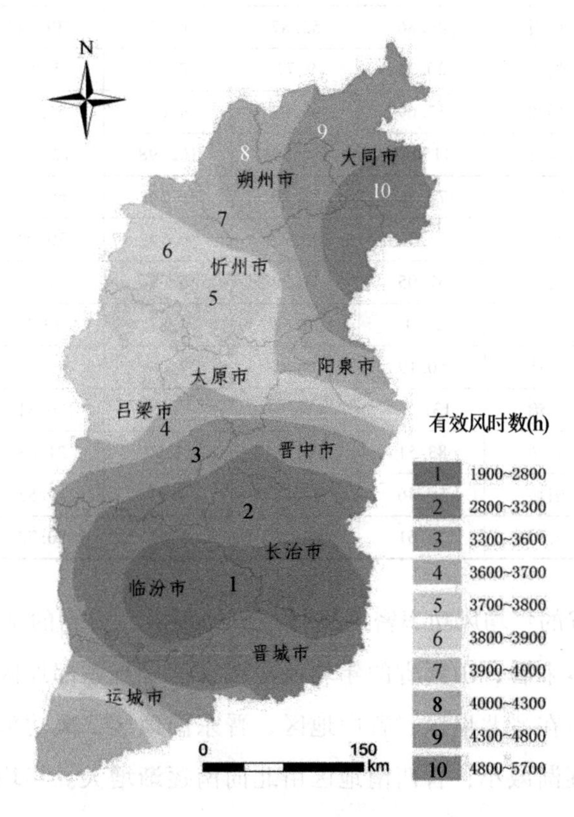

图2-6 山西省全年风能资源有效风时数分布

(三) 风功率密度分布

利用山西省2005—2019年气象站观测到的空气密度、大气压力、风速等数据，可以计算得到各气象站点的风功率密度，如表2-6所示。表2-6中，五台山气象站点的风功率密度要普遍高于其他站点，且差值较大。在春、夏、秋、冬四季中，各气象站点的夏季风功率密度要普遍低于其他三个季节的风功率密度。

表2-6　　山西各气象站点全年风功率密度大小

站点编号	站点名称	风功率密度（W/m²）				
		全年	春	夏	秋	冬
53487	大同	155.22	345.16	12.76	149.07	113.89
53863	介休	107.34	66.95	7.62	43.16	311.65
53764	离石	46.86	52.87	6.11	39.43	89.02
53868	临汾	20.78	9.77	2.97	5.91	64.48
53578	朔州	57.69	96.97	4.04	56.50	73.25
53588	五台山	1159.3	2025.90	102.98	1779.5	728.84
53664	兴县	70.16	83.70	9.34	69.74	117.86
53673	原平	73.32	96.73	6.14	70.09	120.31
53772	太原	57.05	51.29	6.08	44.53	126.28
53782	阳泉	124.12	70.48	4.87	113.83	307.29
53787	榆社	50.19	69.85	7.06	49.80	74.05
53882	长治	131.89	124.97	13.19	96.31	293.09
53959	运城	83.51	39.59	11.72	21.08	261.65
53975	阳城	59.36	32.17	4.93	19.85	180.49
53775	太谷	79.61	62.56	5.48	50.72	199.67

对山西省的年均风功率密度进行差值处理后，得到的结果如图2-7所示。从整体来看，山西省的年均风功率密度呈现东部地区大、西部地区小的趋势。在晋北地区、晋中地区、晋东南地区，风功率密度由东北向西南地区逐渐减小；晋西南地区由北向南逐渐增大。年均最高风功率密度约为1160W/m²，出现在五台山地区；年均最低风功率密度出现在

临汾以及吕梁市西南部分地区。100W/m^2 的分界线跨过朔州市、忻州市、太原市、晋中市、长治市四个地市，五台山以西的吕梁、临汾、运城、晋城四个地市的年均风功率密度均小于 100W/m^2，以东的大同、阳泉两个地市的年均风功率密度均大于 100W/m^2。全省大部分地区年均风功率密度小于 100W/m^2，年均风功率密度地区差异较大，北部忻州市五台山区域和南部临汾市部分区域的差值可以达到 1000W/m^2 之上。

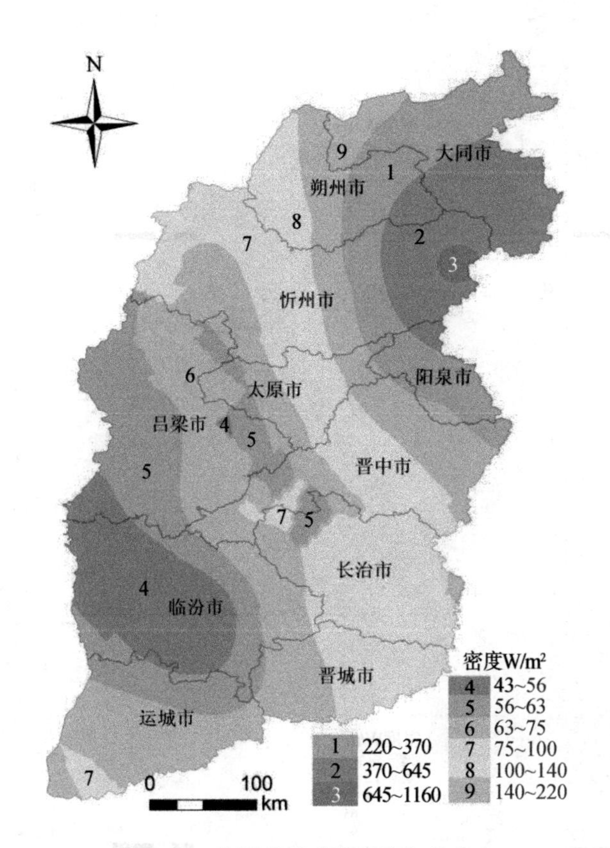

图 2-7　山西省风功率密度年均分布

图 2-8 显示的是山西省春、夏、秋、冬四个季节不同时间段的风功率密度的地理分布状况。总体来看，全年各地市风功率密度在春季普遍较高，夏季最低，冬季时各地市风功率密度普遍大于 100W/m^2。

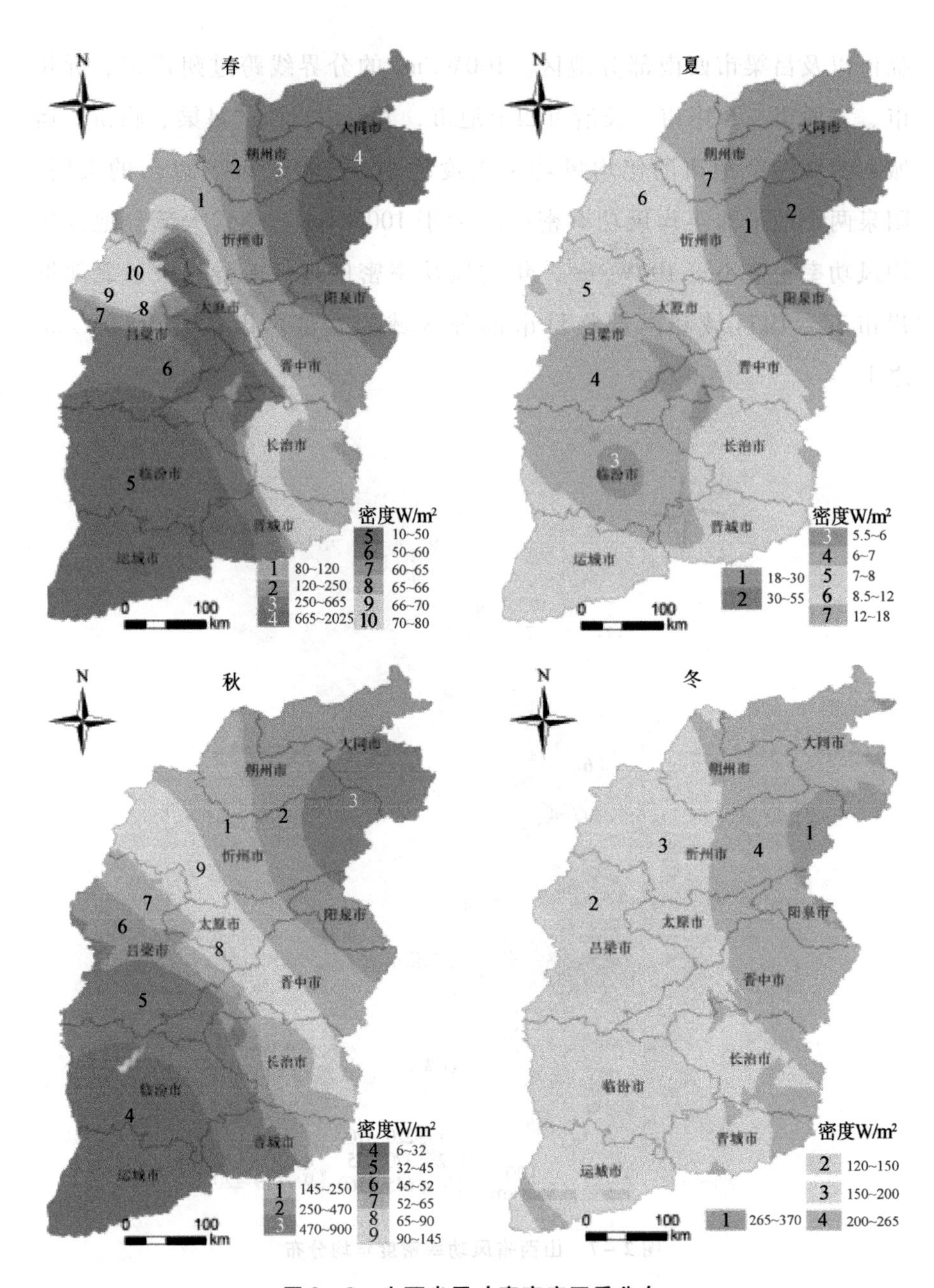

图 2-8 山西省风功率密度四季分布

春季，山西全省风功率密度在 $10W/m^2 \sim 2025W/m^2$，晋东北地区的风功率密度较大，晋西南地区的风功率密度较小。全省绝大部分区域的风功率密度小于250W/m^2，吕梁市、临汾市、运城市、晋城市全部地区的春季风功率密度小于120W/m^2，运城市全部地区、临汾市的大部分地区的风功率密度在10W/m^2～50W/m^2。

夏季，山西全省各地市的风功率密度在四季中最小，最低风功率密度5.5W/m^2，在临汾市中部地区、长治市西北部、晋中市西南部、吕梁市东南部均有分布；最高风功率密度55W/m^2，分布在忻州市东北部、朔州东部、大同市西南部。风功率密度最高值和最低值之差小于50W/m^2，极差较小，风能资源明显不如其他季节丰富。

秋季，山西省风功率密度分布较为规律，由东北向西南逐渐降低。相对晋北、晋中地区而言，晋南地区的风功率密度普遍较低，运城市风功率密度最小，全市的风功率密度在6W/m^2～32W/m^2。全省风能资源最高地区达到900W/m^2，是除春季外的三个季节中的最高风功率密度。在秋季，全省风功率密度大于90W/m^{2}的区域和小于90W/m^{2}的区域的面积基本相等，有可利用的风能资源分布。

冬季，山西全省区域内风功率密度普遍大于100W/m^2，风能资源较为丰富。整体来看，风功率密度由东向西逐渐降低：最大值370W/m^2，分布在大同市、忻州市、阳泉市的部分区域；最小值120W/m^2，分布在吕梁市的大部分区域。在全年四个季节中，冬季是唯一全省区域内风功率密度都大于100W/m^{2}的季节。

二、风能资源可利用量测算

利用山西省的土地利用、地形分布等数据，运用GIS工具对山西省的风电场可建设区域进行适宜性分析，得到山西省风电场建设适宜区域的面积、位置等数据，而后根据相关公式完成对山西省风能资源可利用量的测算。

（一）风电场建设适宜性分析

在GIS中，对目前社会经济技术条件下不适宜建设风电场的区域进行排除，统计得到山西省风能资源可利用的区域，即风电场建设的适宜区域。风电场建设适宜区域的总体状况如图2-9所示。

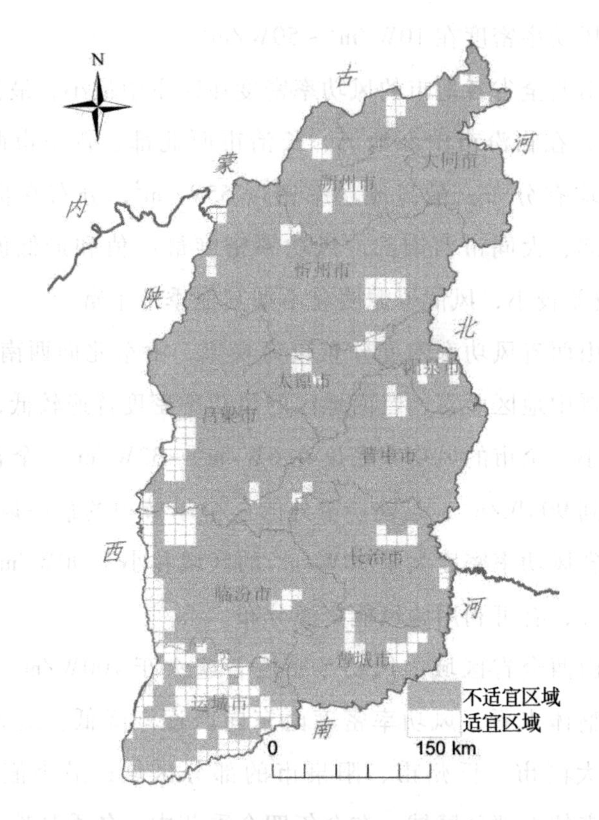

图2-9 山西省风力发电场选址适宜区

图2-9直观地显示了山西省内风力发电场适宜建设的区域位置。山西省地表总体并不平坦，多山地、隆起之处，山地、盆地之间互相交错排列，地貌不统一，因此，在风电场选址的适宜性分析中，在很大程度上受地形因素的限制。总体来看，山西省风电场适宜建设区域南多北少、西多东少，主要集中在运城市除西南部的大部分区域、临汾市、吕梁市的西部、朔州市中部以及西北部、大同市西北部以及北部地区、忻州市东南区域等，大多数区域受地形影响的限制很大。表2-7显示了山西省各地市风电场选址适宜面积及其所占各地市的百分比、在适宜区域装置Vestas V90风力发电机的总台数以及总装机量状况。

表 2-7　山西省 11 个地市风电场选址面积及风力发电机装机量统计

地市名称	地市面积 (km^2)	选址适宜面积 (km^2)	适宜区域占比 (%)	机器总数 (台)	总装机量 (MW)
大同	14176	975	6.88	4875	2925
吕梁	21143	2890	13.67	14450	8670
临汾	20589	3365	16.34	16825	10095
朔州	10662	1100	10.32	5500	3300
忻州	25180	1834	7.28	9170	5502
晋中	16408	701	4.27	3505	2103
太原	6959	706	10.15	3530	2118
阳泉	4451	600	13.48	3000	1800
长治	13864	825	5.95	4125	2475
运城	14106	6560	46.51	32800	19680
晋城	9484	1270	13.39	6350	3810
总计	156700	20826	13.29	104130	62478

各地市中，阳泉市风电场建设适宜区域面积最小，为 600km^2；运城市风电场适宜建设区域面积最大，达到了 6560km^2，这与运城市地势平坦、地形因素限制相对较小有很大关系。晋中、长治两市的风电场建设适宜区域占各自地市百分比较小，其中，晋中市风电场适宜建设区域的面积占比小于 5%；吕梁、临汾、朔州、太原、阳泉、晋城六个地市的风电场适宜建设区域占比都达到了各自的 10% 以上，运城市更是达到了 46.51%，接近运城市面积的一半。山西省风电场适宜建设区域的总面积为 20826km^2，占山西省总面积的 13.29%。

各地市中，Vestas V90 风力发电机的装机总台数为 104130 台，阳泉、太原、晋中三个地市的装机台数均小于 4000 台，装机台数相对较少。总体而言，山西省的风力发电机装机总量为 62478MW，容量可观。

（二）可利用量分析

对山西省风电场建设适宜区域以及装机总台数进行分析后，测算得到适宜区域建设风电场后年发电量可以达到 1.53×10^5GWh。山西省 11

个地级市各区域的年发电量如图 2 - 10 所示。可以直观地看到，忻州市风能资源可利用量最高，年发电量可以达到 30000GWh 之上；运城市次之，年发电量在 20000 ~ 30000GWh；阳泉市、晋中市、长治市、临汾市、晋城市的风能资源可利用量相对来说较小，低于 10000GWh；其余地市在 10000 ~ 20000GWh。

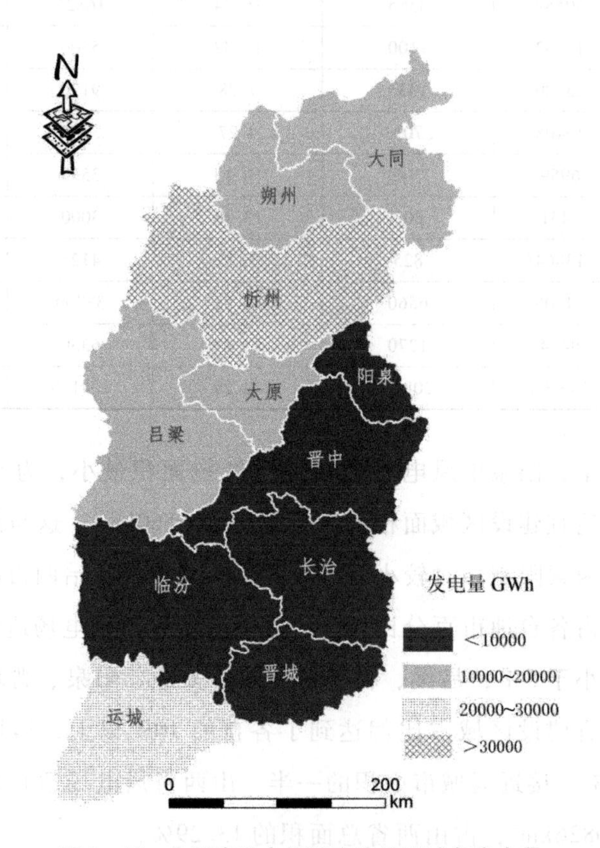

图 2 - 10　山西省风电场适宜建设区域年发电量

搜集山西省及各地市统计年鉴 2019 年全社会用电量的数据，与风电场适宜建设区域年发电量进行对比，如表 2 - 8 所示。

由表 2 - 8 可以看出，2019 年山西省全社会用电量为 226190GWh，风能资源可利用区域年发电量 153098.06GWh，可以达到全社会用电量的一半以上，多达 67.68%。在山西省 11 个地市中，大同市、朔州市、

表 2-8 山西省风电场年发电量与2019年全社会用电量统计

地市名称	年发电量（GWh）	2019年全社会用电量（GWh）	风能发电量占比（%）
大同	18017	16460	109.46
吕梁	12930.96	21460	60.26
临汾	7568	21192.76	35.71
朔州	14104	11690	120.65
忻州	43081.7	13220	325.88
晋中	4558	21449	21.25
太原	10836	28795.14	37.63
阳泉	6192	8273.8	74.84
长治	6708	31544.47	21.27
运城	20055.2	30234.27	66.33
晋城	9047.2	18693.7	48.4
总计	153098.06	226190	67.68

忻州市的风能可利用区域的年发电量大于各市的全社会用电量，忻州市可利用风力发电量甚至是全社会用电量的3倍多；吕梁市、阳泉市、运城市的可利用风力发电量达到了全社会用电量的一半多；其余各市风能资源可利用区域年发电量占全社会用电量的比重小于50%。

综上所述，山西省的风能资源储量非常丰富，如果通过现有技术手段进行开采，可以有效缓解山西省能源利用短缺的局面，对省内由于长期煤炭开采、火力发电造成的环境污染与生态破坏问题而言，这也是一个行之有效的改善途径。

三、小结

本节对山西省全年的风能资源的分布情况及被人类可利用的风能资源总量进行了评估分析。对山西省的风能资源评估，本节主要从两方面入手：一方面，对山西省的80米高空风速、等效利用小时数、风功率密度这些相关指标在山西省的空间分布与季节变化情况进行分析；另一方面，对山西省内风电场的适宜建设区域进行评估分析，同时测算得到目前社会经济、技术和地形等自然因素限制下的山西省风能资源可利用量，并对其进行对比分析。

第六节　山西省风能可利用规划管理

经过评估与测算，山西省风电场适宜建设区域总面积为 20826km^2，Vestas V90 风力发电机的装机总台数是 104130 台，风力发电机装机总量达到了 62478MW，年发电量约为 1.53×10^5GWh。山西省的风能资源可利用量如此丰富，需对其开发利用作出合理规划，一方面，可以改善山西省目前的生态环境现状，缓解山西省能源短缺问题，另一方面，合理利用风能也可以创造出巨大的经济效益，助力山西经济转型发展。

一、山西省风能可利用量区间规划

对风能资源进行开发的一大主要原因是为人类所利用，风能属于清洁能源，相对于化石能源来说，其污染小、开发利用潜力巨大。合理利用风能资源会给人类社会创造出更大的经济效益，还涉及风能在居民生活、农业以及工业等不同行业领域分配量的问题。因此，在仅考虑经济效益最大化的前提下，研究对山西省风能资源可利用量在不同领域的分配作出简单的区间规划，分析不同规划时期内风能可利用量在不同行业的电力分配以及经济效益的上限值以及下限值，最终得到不同阶段电力分配最适宜的规划区间，为山西省风能资源可利用的分配管理问题提供可行途径。

（一）相关行业电力消费状况分析

在电网系统中，用电用户一般分为四大类，分别是居民生活用电、一般工商业用电、大工业用电以及农业生产用电。山西省用电费用按照对应时期官方发布的阶梯电价进行收取。山西省发改委发布的《关于山西电网 2020～2022 年输配电价和销售电价的有关事项的通知》中，调整了大工业用电的电价，四类电价按照不同产业用电量的多少实行阶梯计算。本研究整理了近10年山西省统计年鉴数据中各行业的电量消费状况，以及各时间段山西省的不同收费标准的阶梯电价收取情况，结合实际情况，分析得到山西省相关行业的电力消费区间状况，如表2-9所示。同时，由于资料的可获得性限制，对商业暂不进行分析。

表2-9　山西省相关行业电力消费区间

用户种类	区间	户数/单位数	单位用电量（千瓦时）	平均销售电价（元/千瓦时）
居民	上限	1.36×10^8	1.64×10^3	0.477
	下限	1.04×10^8	1.17×10^3	0.457
大工业	上限	4.09×10^3	2.30×10^7	0.529
	下限	2.87×10^3	8.53×10^6	0.354
一般工业	上限	7.02×10^2	2.91×10^6	0.788
	下限	5.61×10^2	8.36×10^5	0.384
农业	上限	5.55×10^5	4.84×10^4	0.500
	下限	3.89×10^5	7.74×10^3	0.297

表2-9显示了山西省居民用电、大工业用电、一般工业用电以及农业用电四个种类的电量消费大户用电状况。居民户数在$[1.04,1.36]\times10^8$户之间，平均销售电价的区间上下限差值为0.020元/千瓦时，是四种类型的用户中平均销售电价差值最小的。大工业单位数量在$[2.87,4.09]\times10^3$之间，平均销售电价的区间上下限差值为0.175元/千瓦时。一般工业单位数量在$[5.61,7.02]\times10^2$之间，平均销售电价的区间上下限差值为0.404元/千瓦时，是四种用户中平均销售电价上下限差值最大的。农业经营单位数量在$[3.89,5.55]\times10^5$之间，平均销售电价的区间上下限差值为0.203元/千瓦时，是除一般工业之外差值最大的用电用户种类。

（二）区间规划模型建立

在经济效益最大化的前提下，对山西省风能可利用量进行电力分配，需要进行区间规划分析。结合相关研究，仅考虑电力消费状况，规划模型建立为：

$$\max f = p_1k_1X_1 + p_2k_2X_2 + p_3k_3X_3 + p_4k_4X_4 \tag{2-23}$$

约束条件为：

$$0.477 \leqslant p_1 \leqslant 0.457 \tag{2-24}$$

$$0.354 \leqslant p_2 \leqslant 0.5295 \tag{2-25}$$

$$0.384 \leqslant p_3 \leqslant 0.788 \tag{2-26}$$

$$0.297 \leqslant p_4 \leqslant 0.5002 \tag{2-27}$$

$$1.04 \times 10^8 \leqslant X_1 \leqslant 1.36 \times 10^8 \tag{2-28}$$

$$2863 \leqslant X_2 \leqslant 4091 \tag{2-29}$$

$$561 \leqslant X_3 \leqslant 702 \tag{2-30}$$

$$3.89 \times 10^5 \leqslant X_4 \leqslant 5.55 \times 10^5 \tag{2-31}$$

$$10\%m \leqslant k_1X_1 + k_2X_2 + k_3X_3 + k_4X_4 \leqslant \begin{cases} 40\%m & \text{第一阶段} \\ 70\%m & \text{第二阶段} \\ m & \text{第三阶段} \end{cases} \tag{2-32}$$

其中，p_1、p_2、p_3、p_4 分别代表居民生活用电、大型工业用电、一般工业用电以及农业用电中每度电的均价；k_1、k_2、k_3、k_4 代表单位居民户数、单位大型工业企业个数、单位一般工业企业个数以及单位农业经营数的平均用电量；X_1 代表居民用户户数，X_2 为大型工业企业数量，X_3 代表一般工业企业数量，X_4 代表农业企业数量；m 为风能可利用量。

在本研究中，规划阶段分为三个阶段：第一阶段是风能资源可利用率在 10% ~40%；第二阶段为风能资源可利用率在 40% ~70%；第三阶段为风能资源可利用率在 70% ~100% 的状况。

（三）规划结果分析

基于区间规划模型的理论基础，对上述模型求解之后，得到不同阶段风能资源可利用量在不同行业的电力分配区间，并计算得到相对应的经济效益区间，以此进行分析。

1. 电力分配

在规划期的第一阶段，各行业的电力分配状况如图 2－11 所示。第一阶段，山西省风能可利用量发电量在[1.53,6.12]$\times 10^{10}$KWh 之间，四个行业的电力分配状况不一致。居民生活用电量在第一阶段的分配量为[0.53,2.10]$\times 10^{10}$KWh，大工业的用电分配量为[0.14,0.60]$\times 10^{10}$KWh，一般工业的电力分配量为[0.54,1.97]$\times 10^{10}$KWh，农业的电力分配量为[0.33,1.45]$\times 10^{10}$KWh。在四个不同种类的用电行业中，大工业的电力分配量较少，分配量的上限值和下限值均是四个行业的最低值；居民生活以及一般工业的电力分配量较多，其中，居民生活电力分配量的上限值是各行业中的最高值，一般工业的下限值是各行业当中的最高值。在各行业中，居民生活的电力分配量区间上下限差值最大，其次是一般工业的电力分配量，大工业电力分配量区间上下限差值最小。

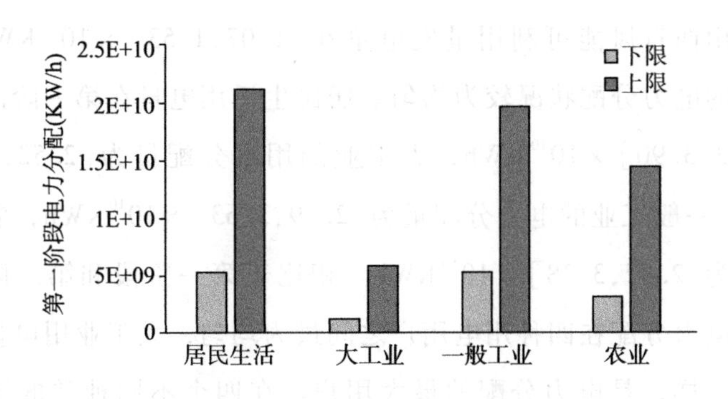

图 2－11 第一阶段电力分配情况

在电力分配规划的第二阶段，山西省风能可利用量发电量在[0.61,1.07]$\times 10^{11}$KWh 之间，四个行业的电力分配状况如图 2－12 所示。居民生活用电量在第二阶段的分配量为[1.31,2.30]$\times 10^{10}$KWh，大工业的用电分配量为[1.90,3.90]$\times 10^{10}$KWh，一般工业的电力分配量为[1.32,2.10]$\times 10^{10}$KWh，农业的电力分配量为[1.59,2.41]$\times 10^{10}$KWh。相对于规划的第一阶段，山西省风能可利用量发电量的电力分配在第二阶段四个行业中的分布相对比较均匀，大工业的分配区间上限值较为突出。在第二阶段，电力分配量的最大用户不再是居民，而是大工业，上限值和下限值都是四个行业中的最高值，且上限值和下限值的差值也是最大的。

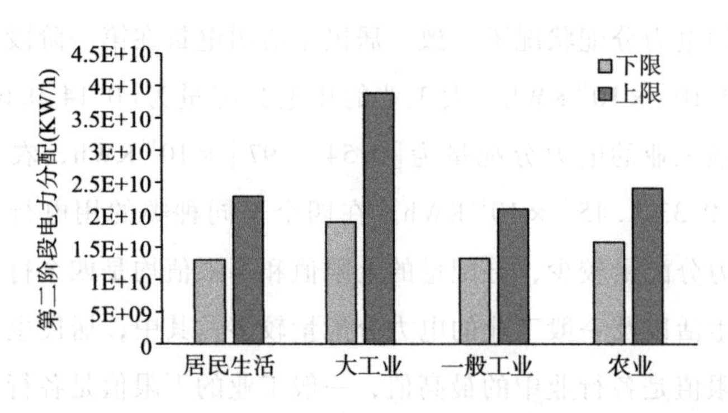

图 2-12 第二阶段电力分配情况

在规划期的第三阶段，各行业的电力分配状况如图 2-13 所示。第三阶段，山西省风能可利用量发电量在[1.07,1.53]$\times 10^{11}$KWh 之间，四个行业的电力分配状况较为均匀。居民生活用电量在第一阶段的分配量为[2.73,3.90]$\times 10^{10}$KWh，大工业的用电分配量为[2.52,4.50]$\times 10^{10}$KWh，一般工业的电力分配量为[2.79,3.63]$\times 10^{10}$KWh，农业的电力分配量为[2.07,3.28]$\times 10^{10}$KWh。相比于第一阶段和第二阶段，第三阶段的电力分配在四种用电用户之间最为均匀，大工业用电量仍然与第二阶段一样，是电力分配的最大用户。在四个不同种类的用电行业中，大工业的电力分配量上限值最高，其次是居民生活；电力分配量下限值最高的是一般工业，其次是居民生活。农业的电力分配量最少，上限值和下限值都是四个行业中最低的。

综合而言，山西省风能资源可利用量在各行业中的电力分配量如图 2-14 所示。整体而言，大工业的电力分配量较大，为[4.55,9.00]$\times 10^{10}$KWh，其次是居民生活，电力分配量为[4.57,8.31]$\times 10^{10}$KWh，农业的电力分配量较小，为[3.99,7.15]$\times 10^{10}$KWh，区间上限值和下限

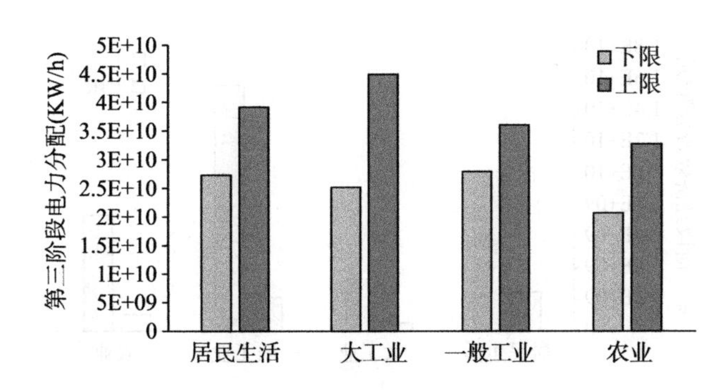

图 2-13　第三阶段电力分配情况

值都是四个行业中的最低值。在整个规划期内，各个行业电力分配的下限值分配比较均匀，与上限值的差值相互之间差距较小。

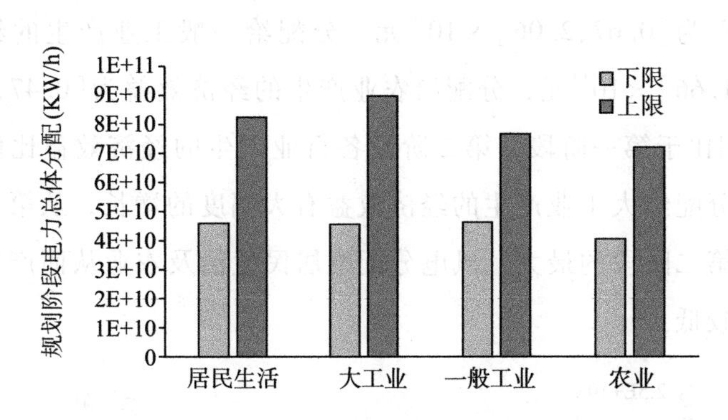

图 2-14　电力总体分配情况

2. 经济效益

在规划期的第一阶段，山西省风能资源可利用量发电供给各行业从而产生的经济效益如图 2-15 所示。图 2-15 显示，风电的经济效益在四个不同种类的行业中分布极为不均匀，各行业之间相差较大。第一阶段，总经济效益为[0.59,3.60]$\times 10^{10}$元，风电分配给一般工业产生的经济效益最大，为[0.21,1.55]$\times 10^{10}$元；其次为居民生活，风电分配产生的经济效益为[0.24,1.00]$\times 10^{10}$元；风电分配给大工业产生的经济效益最小，为[0.05,0.32]$\times 10^{10}$元。

图 2-16 显示了规划期的第二阶段风电分配给各行业产生的经济效

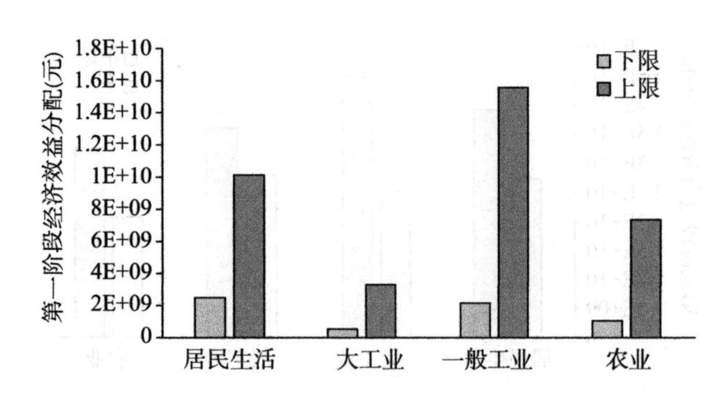

图 2－15　第一阶段经济效益分配

益情况。第二阶段，总经济效益为[2.25,6.02]×10^{10}元，风电分配给居民生活产生的经济效益为[0.60,1.10]×10^{10}元，分配给大工业产生的经济效益为[0.67,2.06]×10^{10}元，分配给一般工业产生的经济效益为[0.51,1.66]×10^{10}元，分配给农业产生的经济效益为[0.47,1.21]×10^{10}元。相比于第一阶段，第二阶段各行业产生的经济效益比例有所变化，风电分配给大工业产生的经济效益有大幅度的增长，从第一阶段的最小变为第二阶段的最大，风电分配给居民生活及农业从而产生的经济效益值比较低。

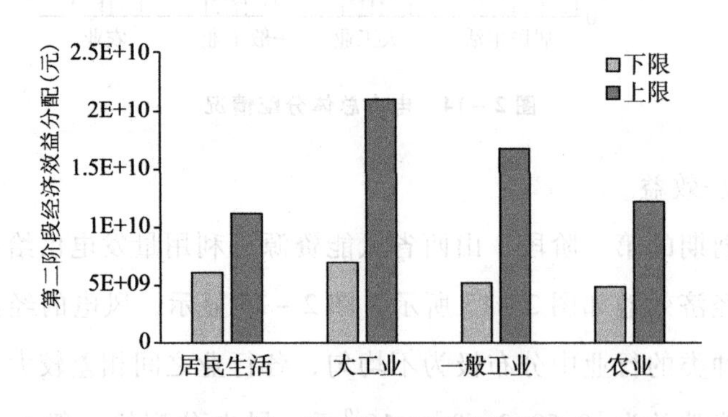

图 2－16　第二阶段经济效益分配

规划第三阶段风电分配给各行业产生的经济效益如图 2－17 所示。第三阶段，风电分配给四个行业产生的总的经济效益为[3.83,8.74]×10^{10}元，分配给居民生活产生的经济效益为[1.25,1.86]×10^{10}元，分配给大工业产生的经济效益为[0.89,2.38]×10^{10}元，分配给一般工业产生的经济效益为[1.07,2.86]$\times 10^{10}$元，分配给农业产生的经济效益为[0.61,1.64]$\times 10^{10}$元。相比于第一阶段与第二阶段，第三阶段风电分配给各行业产生的经济效益整体有所增长，分配给一般工业产生的经济效益又重新超过大工业，成为四个行业中的最高值，分配给农业产生的经济效益成为四个行业中的最低值。

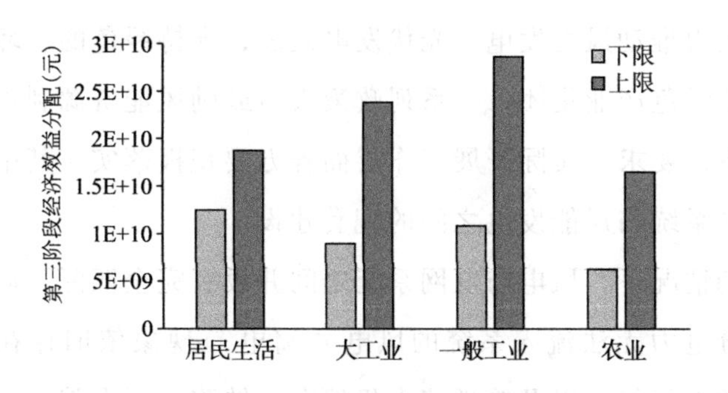

图 2-17　第三阶段经济效益分配

在整个规划阶段内，山西省风能资源可利用量的风电分配给各行业从而产生的经济效益如图 2-18 所示。总经济效益为[0.67,1.84]$\times 10^{11}$元，风力发电分配给居民生活产生的经济效益为[2.09,3.96]$\times 10^{10}$元，分配给大工业产生的经济效益为[1.61,4.76]$\times 10^{10}$元，分配给一般工业产生的经济效益为[1.79,6.06]$\times 10^{10}$元，分配给农业产生的经济效益为[1.18,3.58]$\times 10^{10}$元。总体而言，经济效益分配不是特别均匀，风电分配给一般工业产生的经济效益值最高，分配给农业产生的经济效益值最低。

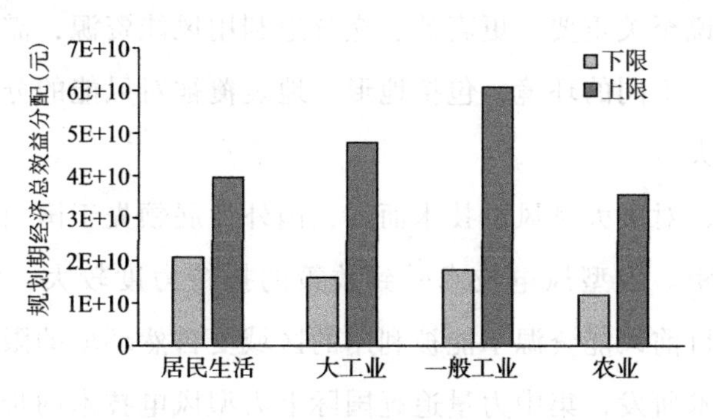

图 2-18　经济效益总体分配情况

二、风能开发管理建议

(一) 落实政策引领

国务院于2021年2月以国发〔2021〕4号文的形式发布了《国务院关于加快建立健全绿色低碳循环发展经济体系的指导意见》，明确指出我国将大力推动风力发电、光伏发电发展，支持绿色的、环保的企业发展，打造绿色产业集团。一系列政策大力鼓励风能资源利用、风力发电发展之下，要求在实际开展工作层面各方要积极落实。其中，最主要的就是电网系统与风能发电之间的配套建设。

当前的情况下，风电与电网系统之间并没有完全匹配，局部电网限制下的部分电力无法流入系统的风电“窝电”现象依旧存在；电网系统对风电的汇集能力以及输送能力仍然存在缺陷；还有就是，部分农村的电网系统在电力供应之下已经落后。基于此，山西省应响应国家关于大力发展风电的政策，要求提升电网系统：提升电网系统与风电之间的匹配程度，加大风电汇集和风电输送力度；对农村的电网系统进行优化配置。除此之外，山西省还要加强对一些绿色、可持续环保企业的扶持，向能源转型升级之路稳步前进。

(二) 加强技术研发

风能资源作为当今新能源发展利用的主力之一，风电技术的发展对风能利用来说至关重要。更高效、充分地利用风能资源，需要加强风电技术的研发。不同的环境，包括地形、地表覆被对风能的分布以及利用程度影响较大。

一方面，对于大型风电技术而言，国外发展领先于国内，二者之间存在一定差距。大型风电技术受到政策的扶持力度较大，发展趋势较好。山西省目前风能资源不能被利用的区域受自然环境的限制较大，应加强风电技术研发，集中力量追赶国际上大型风电技术的步伐，拓宽风能利用的新区域。

另一方面，国内中小型风电技术的发展程度较高，相对于大型风电技术而言，受国外的技术掣肘较小。但是，在此之下也要注重中小型风电技术的完善与创新，保持领先优势，助力风能资源开发利用。

此外还要加强风能发电和其他类型的新能源发电之间的互补技术。山西省地处内陆中纬度地区，太阳能资源也比较丰富。要综合风能利用和太阳能发电的各自优势，运用相关技术将二者结合利用，减轻山西省内能源供给的压力。

（三）重视气象预警

风能的开发利用受到气象气候因素的影响较大。全球气候变化引起的风速变化影响着山西省风能资源的储量及分布状况，如年平均风速的上升与下降的变化，影响风能储量的大小；一些突发性的天气也会对风力发电产生不利影响，如大规模的寒潮以及夏季的雷暴天气会折损风力发电设备的寿命，影响电力输送。因此，对于山西省风能资源的开发利用而言，要从多角度考虑，重视气候长期的变化趋势，加强了其与风能开发风险评估之间的关系；做好气象的监测与预警工作，在出现不利天气之前，及时做好相关的防护工作。

（四）宣传环保理念

由于对化石能源的长期依赖，山西省以往矿产资源的大量开采造成了一系列的生态破坏与环境污染问题。目前，山西省在能源转型升级路上，开发利用风能等新能源，鼓励绿色、环保企业发展，离不开环境保护的宣传工作。一方面，要利用互联网、电视、图书等相关渠道，向公众宣传保护环境、节约资源、开发利用新能源的必要性，使“绿水青山就是金山银山”的理念深入人心；另一方面，做好环境保护理念的宣传工作，加强环境教育，吸引一批绿色、环保企业进入风电开发领域，激励更多的优秀人才向环境保护与能源开发领域汇集，共同为山西省的生态环境治理、能源转型升级作出更大的贡献。

三、小结

本节主要从风能可利用量规划管理的角度，对山西省风能资源可利用量分三阶段进行了区间规划分析，还从落实政策引领、加强技术研发、重视气象预警、宣传环保理念四个方面对山西省目前的风能开发管理提出了一些建议，以期更加充分地利用山西省的风能资源。

第七节　结论与展望

一、结论

本研究将山西省这一资源型区域作为研究对象，主要包括三方面的研究内容：

首先，利用山西省 2005—2019 年这 15 年间 15 个气象站点的测量数据，选取合适的评价指标，在 GIS 软件中利用克里金插值法对指标进行空间插值处理，对山西省全年风能资源的分布情况进行评估：对山西省区域内 80 米高空风速、等效利用小时数、风功率密度这些相关指标在省内的空间分布状况与全年及各季节的时间变化情况作出分析。

其次，本研究对山西省风能资源生产潜能，即可利用量进行了测算，利用山西省的土地利用、地形分布等数据，对山西省内风电场的适宜建设区域作出适宜性评价分析，同时测算得到目前社会经济、技术和地形等自然因素限制下的山西省风能资源可利用量，与当前全省全社会的用电需求量进行对比分析。

最后，针对山西省风能资源可利用量进行了区间规划管理分析，提出了合理的开发建议。

研究的主要结论主要有：

一是山西省年均 80 米高空风速由东北向西南方向递减，最大风速

8.4m/s，最小风速小于3m/s。晋东北区域与晋西南区域相差较大，晋东北地区以五台山地区为主，风速较大，空气活动剧烈，风能资源相对分布较多；晋西南区域以临汾盆地为中心，风速较小，空气运动相对不太频繁，风能资源相对分布较少，尤以临汾市为甚；晋中地区风速变化跨度较大，吕梁市年均风速在该区域内相对较小，太原市、晋中市部分区域以及阳泉市的风速大于5m/s。全年四季中，高空风速在春季、冬季两个季节的活动较为剧烈，风速变化幅度范围较大；夏季空气活动较为稳定，风速的幅度变化范围较小。

二是山西省全年有效风时数的分布在晋北地区由西向东逐渐减小，大同市东南部、忻州市东北部，以及朔州市东部的小部分区域的有效风时数是省内高值区域，处于4800～5700h；晋南地区以及晋中的南部区域以临汾、长治地区为中心，由内向外，有效风时数逐渐增大，有效风时数的低值区域也在1900～2800h。晋南区域中，运城南部地区有效风时数相对较高，达到4000h以上。

三是山西省的年均风功率密度呈现东部地区大、西部地区小的趋势。在晋北地区、晋中地区、晋东南地区，风功率密度由东北向西南地区逐渐减小；晋西南地区由北向南逐渐增大。年均最高风功率密度约为$1160W/m^2$，出现在五台山地区；年均最低风功率密度出现在临汾以及吕梁市西南部分地区。全年各地市风功率密度在春季普遍较高，夏季最低，冬季各地市风功率密度普遍大于$100W/m^2$。

四是山西省风电场适宜建设区域的总面积为$20826km^2$，占全省总面积的13.29%。11个地市中，Vestas V90风力发电机的装机总台数为104130台，阳泉、太原、晋中三个地市的装机台数均小于4000台，相对装机台数较少。总体而言，山西省的风力发电机装机总量为62478MW，容量可观。适宜区域建设风电场后年发电量可以达到1.53×10^5GWh，占2019年山西省全社会用电量的一半以上，多达67.68%。

五是整个规划阶段内，大工业的电力分配量较大，为[4.55,9.00]×

10^{10}KWh，其次是居民生活，电力分配量为[4.57,8.31]$\times 10^{10}$KWh，农业的电力分配量较小，为[3.99,7.15]$\times 10^{10}$KWh；总经济效益为[0.67,1.84]$\times 10^{11}$元，风力发电分配给一般工业产生的经济效益最大，为[1.79,6.06]$\times 10^{10}$元，分配给农业产生的经济效益最小，为[1.18,3.58]$\times 10^{10}$元。

最后，从风能开发管理的角度，本研究进行了简单规划，并从落实政策引领、加强技术研发、重视气象预警、宣传环保理念四个方面对山西省目前的风能开发管理提出了一些建议，以期更加充分地利用山西省的风能资源，助力山西省能源转型升级与可持续发展。

二、研究不足与展望

本研究在数据选取上用到的数据类型较多，获取程度有一定限制。在风电场建设适应区域分析上，更加精细化的地形地类数据会使研究结果有大的改善与提升。

在风能资源分布的指标选取上，因为是对省内包括已建设风电场区域和未建设风电场区域在内的全省范围内的风能资源分布进行评估，所以用到的是气象站点的点数据，对于今后的研究，如果可以利用更多的气象站点官方数据进行分析，研究会更加科学完善。

第三章　风场选址研究
——IAHP 和随机 VIKOR 方法

选址是开发风能资源最重要的决策活动之一。本章提出了一种将地理信息系统（GIS）、区间层次分析法（IAHP）和随机 VIKOR 方法，用于解决瓦房店地区风电场选址问题。利用生物多样性保护和生产安全两个主要因素确定可行区域。然后，采用 IAHP 法对社会影响、经济效益、地形、生态环境保护等评价标准的权重进行鉴定。最后，通过随机 VIKOR 计算各备选方案的适宜性指数，并根据其排序确定风电场选址的高适宜区。结果表明，30.2%的区域适合安装风力发电设施，而高度适合的区域仅为 3.36%。将优化结果与现有风电场选址进行比较，表明该思想框架在指导风电场选址方面具有一定的实用性和有效性，可用于太阳能、水电、地热和生物质能等其他可再生能源形态的复杂空间分析和多准则评价。

第一节　风场选址研究背景

能源始终是国民经济发展的基础，是社会进步、经济繁荣、人民生活水平提高的保障。传统的化石燃料在能源供应中发挥着主要作用，与可再生能源相比，传统的化石燃料会导致过度勘探。在中国尤其如此，2018 年，中国能源结构中原煤占 69.31%，水电、风电、核电等其他能源占18.02%[①]。世界经济规模的迅速扩大和人口的高速增长要求能源供应同步增加，然而，传统能源储量的大幅减少导致能源供需严重失衡。此外，利用化石燃料产生的二氧化硫（SO_2）、一氧化氮（NO）、烟尘等污染物对周围环境造成了严重的破坏[②]。在过去的几十年里，由于对环境和气候变化的日益关注，包括中国在内的各国都致力于从化石燃料为主的能源结构转向更环保的能源结构[③]。

在此背景下，探索清洁和可持续的可再生能源形式已成为当前能源规划和管理的重点。例如，中国清洁能源（包括水电、核电、风电）占总产量的比重保持上升趋势，由2009年的9.80%上升至2018年的18.02%；同样，清洁能源占消费总量的比重也从8.50%提高到14.30%[④]。其中，风能由于其成熟的能源转换技术，被认为是最具吸引力的可再生能源，其分布范围广，性价比高。中国广阔的海岸线和广阔的地域，丰富的风能资源为促进风能产业的发展提供了可观的基础。根据中国气象局的估算和报告，全国50米高度上大于等于3级风电密度的陆上风能资源可用量高达2380GW[⑤]。

大规模开发利用风能能够缓解当前与中国密切相关的能源短缺危机和环境污染问题。但近期风电发展势头略有下降，短时间内对风电资源

① National Bureau of Statistics of China. Energy structure in 2018. 2018. http：//data. stats. gov. cn/easyquery. htm？ cn = C01. [Accessed 4 December 2019].

② Ilbahar E，Cebi S，Kahraman C. A state - of - the - art review on multi - attribute renewable energy decision making. Energy Strateg Rev 2019；25：18 - 33.

③ Konstantinos I，Georgios T，Garyfalos A. A Decision Support System methodology for selecting wind farm installation locations using AHP and TOPSIS：case study in Eastern Macedonia and Thrace region，Greece. Energy Pol2019；132：232 - 246.

④ China electric power planning & engineering institute. Report on China's electric power development. 2018. 2018，http：//www. eppei. com/upload/file/ 20190730/% E5% B1% 95% E6% 9D% BF. pdf. [Accessed 25 December 2019].

⑤ Administration CM. Detailed investigation and assessment of Chinese wind energy resources（in Chinese with English abstract）. Wing Energy 2011：26 - 30. 08.

利用产生了一定的负面影响。这是由于以下两个原因。一方面，风电行业的快速发展伴随着严重的弃风问题。2011—2019 年中国的弃风率分别达到 2016 年的最高水平（17.1%）和 2019 年的最低水平（4%），平均为 11.9%[①②]。引发这一现象的因素很多，包括快速增长的风电与不完善的电网建设之间的矛盾、风电发电中心与高负荷区域的空间不匹配、经济增速放缓导致的用电需求下降等[③④⑤]。另一方面，由于风电场的地质位置不合适，对附近居民的正常生活和当地的生态环境造成了各种不利影响（如噪声、闪烁、栖息地占用等）[⑥⑦]。因此，出现了社会和一些政府机构对大型风电项目的抵制，对风电行业的发展造成了负面影响。因此，对风电场选址进行科学规划和适宜性评价，对确保风能健康可持续发展具有重要意义。

风电场选址过程涉及社会经济、地理、生态和环境等诸多因素。多准则决策（MCDM）方法可以有效地处理多层复杂且相互冲突的问题（如优势、劣势、风险、利益），适合为选址提供排序决策方案[⑧]。另一

---

① National Energy Administration of China. Available from: http: //www. nea. gov. cn/.

② Song F, Bi D, Wei C. Market segmentation and wind curtailment: an empirical analysis. Energy Pol 2019; 132: 831 - 838.

③ Fan X - c, Wang W - q, Shi R - j, Li F - t. Analysis and countermeasures of wind power curtailment in China. Renew Sustain Energy Rev 2015; 52: 1429 - 1436.

④ Xia F, Song F. The uneven development of wind power in China: determinants and the role of supporting policies. Energy Econ 2017; 67: 278 - 286.

⑤ Luo G - l, Li Y - l, Tang W - j, Wei X. Wind curtailment of China's wind power operation: evolution, causes and solutions. Renew Sustain Energy Rev2016; 53: 1190 - 1201.

⑥ Gorsevski PV, Cathcart SC, Mirzaei G, Jamali MM, Ye X, Gomezdelcampo E. A group - based spatial decision support system for wind farm site selection in Northwest Ohio. Energy Pol 2013; 55: 374 - 385.

⑦ Guo X, Zhang X, Du S, Li C, Siu YL, Rong Y, et al. The impact of onshore wind power projects on ecological corridors and landscape connectivity in Shanxi, China. J Clean Prod 2020; 254: 120075.

⑧ Villacreses G, Gaona G, Martinez - Gomez J, Juan Jijon D. Wind farms suitability location using geographical information system (GIS), based on multi - criteria decision making (MCDM) methods: the case of continental Ecuador. Renew Energy 2017; 109: 275 - 286.

方面，地理信息系统（Geographic Information System，GIS）作为收集、存储、管理、计算、分析、操作和测绘地理信息的强大工具，凭借其提供指标数据库和可视化地图的能力，可以在风能资源潜力评估和选址中发挥重要作用[①②③]。因此，MCDM 与 GIS 的集成被广泛应用于选址研究中。研究涉及不同的研究区域[④⑤⑥⑦⑧⑨⑩⑪⑫⑬]、不同的分析

---

① Ali S，Taweekun J，Techato K，Waewsak J，Gyawali S. GIS based site suitability assessment for wind and solar farms in Songkhla，Thailand. Renew Energy 2019；132：1360 – 1372.

② Bina SM，Jalilinasrabady S，Fujii H，Farabi – Asl H. A comprehensive approach for wind power plant potential assessment，application to northwestern Iran. Energy 2018；164：344 – 358.

③ Castro – Santos L，Prado Garcia G，Simoes T，Estanqueiro A. Planning of the installation of offshore renewable energies：a GIS approach of the Portuguese roadmap. Renew Energy 2019；132：1251 – 1262.

④ Atici KB，Simsek AB，Ulucan A，Tosun MU. A GIS – based Multiple Criteria Decision Analysis approach for wind power plant site selection. Util Pol 2015；37：86 – 96.

⑤ Ayodele TR，Ogunjuyigbe ASO，Odigie O，Munda JL. A multi – criteria GIS based model for wind farm site selection using interval type – 2 fuzzy analytic hierarchy process：the case study of Nigeria. Appl Energy 2018；228：1853 – 1869.

⑥ Kim C – K，Jang S，Kim TY. Site selection for offshore wind farms in the southwest coast of South Korea. Renew Energy 2018；120：151 – 162.

⑦ Mytilinou V，Lozano – Minguez E，Kolios A. A framework for the selection of optimum offshore wind farm locations for deployment. Energies 2018；11（7）.

⑧ Noorollahi Y，Yousefi H，Mohammadi M. Multi – criteria decision support system for wind farm site selection using GIS. Sustain Energy Tech 2016；13：38 – 50.

⑨ Wang C – N，Huang Y – F，Chai Y – C，Nguyen V. A multi – criteria decision making（MCDM）for renewable energy plants location selection in Vietnam under a fuzzy environment. Appl Sci 2018；8（11）.

⑩ Wu Y，Geng S，Xu H，Zhang H. Study of decision framework of wind farm project plan selection under intuitionistic fuzzy set and fuzzy measure environment. Energy Convers Manag 2014；87：274 – 284.

⑪ Ziemba P，Wątrobski J，Zioło M，Karczmarczyk A. Using the PROSA method in offshore wind farm location problems. Energies 2017；10（11）.

⑫ Baban SMJ，Parry T. Developing and applying a GIS – assisted approach to locating wind farms in the UK. Renew Energy 2001；24（1）：59 – 571.

⑬ Chaouachi A，Covrig CF，Ardelean M. Multi – criteria selection of offshore wind farms：case study for the Baltic States. Energy Pol 2017；103：179 – 192.

方法[①②③④⑤⑥⑦]、陆上风电场与海上风电场的选址[⑧⑨⑩⑪⑫]。例如，Ali 等人[⑬]结合 GIS 和层次分析法（AHP），确定了泰国 Songkhla 省公用事业规模的陆上风力发电场的理想选址。Vagiona 等人[⑭]开发了一种综合的 AHP 方法和技术的顺序偏好相似的理想解决方案（TOPSIS），以评估适当的地点在希腊海上风力发电场的适用性。Sanchez - Lozano 等人[⑮]

---

① Gorsevski PV，Cathcart SC，Mirzaei G，Jamali MM，Ye X，Gomezdelcampo E. A group - based spatial decision support system for wind farm site selection in Northwest Ohio. Energy Pol 2013；55：374 - 385.

② Wu Y，Geng S，Xu H，Zhang H. Study of decision framework of wind farm project plan selection under intuitionistic fuzzy set and fuzzy measure environment. Energy Convers Manag 2014；87：274 - 284.

③ Al - Yahyai S，Charabi Y，Gastli A，Al - Badi A. Wind farm land suitability indexing using multi - criteria analysis. Renew Energy 2012；44：80 - 87.

④ Sanchez - Lozano JM，Garcia - Cascales MS，Lamata MT. GIS - based onshore wind farm site selection using Fuzzy Multi - Criteria Decision Making methods. Evaluating the case of Southeastern Spain. Appl Energy 2016；171：86 - 102.

⑤ Wu Y，Chen K，Zeng B，Yang M，Li L，Zhang H. A cloud decision framework in pure 2 - tuple linguistic setting and its application for low - speed wind farm site selection. J Clean Prod 2017；142：2154 - 2165.

⑥ Tegou L - I，Polatidis H，Haralambopoulos DA. Environmental management framework for wind farm siting：methodology and case study. J Environ Manag 2010；91（11）：2134 - 2147.

⑦ Gigovic L，Pamucar D，Bozanic D，Ljubojevic S. Application of the GIS - DANPMABAC multi - criteria model for selecting the location of wind farms：a case study of Vojvodina，Serbia. Renew Energy 2017；103：501 - 521.

⑧ Kim C - K，Jang S，Kim TY. Site selection for offshore wind farms in the southwest coast of South Korea. Renew Energy 2018；120：151 - 162.

⑨ Mytilinou V，Lozano - Minguez E，Kolios A. A framework for the selection of optimum off shore wind farm locations for deployment. Energies 2018；11（7）.

⑩ Kim T，Park J - I，Maeng J. Offshore wind farm site selection study around Jeju Island，South Korea. Renew Energy 2016；94：619 - 628.

⑪ Vagiona DG，Kamilakis M. Sustainable site selection for off shore wind farms in the south aegean - Greece. Sustainability 2018；10（3）.

⑫ Wu Y，Zhang J，Yuan J，Geng S，Zhang H. Study of decision framework of offshore wind power station site selection based on ELECTRE - Ⅲ under intuitionistic fuzzy environment：a case of China. Energy Convers Manag 2016；113：66 - 81.

⑬ Ali S，Taweekun J，Techato K，Waewsak J，Gyawali S. GIS based site suitability assessment for wind and solar farms in Songkhla，Thailand. Renew Energy2019；132：1360 - 1372.

⑭ Vagiona DG，Kamilakis M. Sustainable site selection for offshore wind farms in the south aegean - Greece. Sustainability 2018；10（3）.

⑮ Sanchez - Lozano JM，García - Cascales MS，Lamata MT. Identification and selection of potential sites for onshore wind farms development in Region of Murcia，Spain. Energy 2014；73：311 - 324.

首先根据相关法律限制和一些因素的考虑排除了不可行区域，然后利用基于 GIS 的 ELECTRE－TRI 方法确定了西班牙 Murcia 地区发电设施的最佳选址。Gorsevski 等人[①]和 Latinopoulos 和 Kechagia[②] 探索了 GIS 和加权线性组合（WLC）技术的集成，分别生成俄亥俄州西北部和希腊陆上风电场的地图层下每个位置的适宜性指数。

考虑到不确定性与所设计的评估指标的权重确定及其与所有候选地点相关的得分有关，固定值不足以描述指标的特征，因此，在风电场选址领域中出现了不确定多尺度多目标决策方法。例如，Ayodele 等人[③]提出了一种基于 GIS 的区间 2 型模糊层次分析法（Interval Type－2 Fuzzy AHP）模型，用于确定尼日利亚合适的风电场，其中，使用模糊集来描述决策过程中存在的不确定性、模糊性和不一致性。Wu 等人[④]首先使用直觉模糊数和模糊测度来反映专家的直觉偏好，并分别对标准之间的重要程度进行打分。最后，对中国风电场项目备选选址的适宜性进行了评价。此外，在越南[⑤]、西班牙东南部[⑥]和巴基斯坦东南部走廊[⑦]，模糊层次分析法（AHP）和模糊 TOPSIS（TOPSIS）也被证明是

---

① Gorsevski PV, Cathcart SC, Mirzaei G, Jamali MM, Ye X, Gomezdelcampo E. A group－based spatial decision support system for wind farm site selection in Northwest Ohio. Energy Pol 2013; 55: 374－385.

② Latinopoulos D, Kechagia K. A GIS－based multi－criteria evaluation for windfarm site selection. A regional scale application in Greece. Renew Energy2015; 78: 550－560.

③ Ayodele TR, Ogunjuyigbe ASO, Odigie O, Munda JL. A multi－criteria GIS based model for wind farm site selection using interval type－2 fuzzy analytic hierarchy process: the case study of Nigeria. Appl Energy 2018; 228: 1853－1869.

④ Wu Y, Geng S, Xu H, Zhang H. Study of decision framework of wind farm project plan selection under intuitionistic fuzzy set and fuzzy measure environment. Energy Convers Manag 2014; 87: 274－284.

⑤ Wang C－N, Huang Y－F, Chai Y－C, Nguyen V. A multi－criteria decision making (MCDM) for renewable energy plants location selection in Vietnam under a fuzzy environment. Appl Sci 2018; 8 (11).

⑥ Sanchez－Lozano JM, Garcia－Cascales MS, Lamata MT. GIS－based onshore wind farm site selection using Fuzzy Multi－Criteria Decision Making methods. Evaluating the case of Southeastern Spain. Appl Energy 2016; 171: 86－102.

⑦ Solangi Y, Tan Q, Khan M, Mirjat N, Ahmed I. The selection of wind power project location in the southeastern corridor of Pakistan: a factor Analysis, AHP, and fuzzy－TOPSIS application. Energies 2018; 11 (8).

有效的陆上风电场可持续选址方法。

在文献回顾和我们的研究案例的特定区域，确定了一些研究空白。首先，研究发现风电场位于不合适的地理位置可能会对鸟类造成负面影响[1][2][3]，包括鸟类死亡率的增加以及对栖息地的威胁和破坏。然而，在评估中仅考虑了鸟类的临界数量[4][5][6]。其次，虽然已有许多研究致力于将多目标决策模型方法应用于可再生能源选址决策过程当中，但主要基于模糊集理论处理固有不确定性的研究较少[7][8][9][10][11][12]。事实上，区间和

---

① Carrete M, Sanchez - Zapata JA, Benítez JR, Lobon M, Donazar JA. Large scale risk - assessment of wind - farms on population viability of a globally endangered long - lived raptor. Biol Conserv 2009; 142 (12): 2954 - 2961.

② Carrete M, Sanchez - Zapata JA, Benítez JR, Lobon M, Montoya F, Donazar JA. Mortality at wind - farms is positively related to large - scale distribution and aggregation in griffon vultures. Biol Conserv 2012; 145 (1): 102 - 108.

③ Rushworth I, Krueger S. Wind farms threaten southern Africa's cliff - nesting vultures. Ostrich 2014; 85 (1): 13 - 23.

④ Gorsevski PV, Cathcart SC, Mirzaei G, Jamali MM, Ye X, Gomezdelcampo E. A group - based spatial decision support system for wind farm site selection in Northwest Ohio. Energy Pol 2013; 55: 374 - 385.

⑤ Sanchez - Lozano JM, Garcia - Cascales MS, Lamata MT. GIS - based onshore wind farm site selection using Fuzzy Multi - Criteria Decision Making methods. Evaluating the case of Southeastern Spain. Appl Energy 2016; 171: 86 - 102.

⑥ Baseer MA, Rehman S, Meyer JP, Alam MM. GIS - based site suitability analysis for wind farm development in Saudi Arabia. Energy 2017; 141: 1166 - 1176.

⑦ Ayodele TR, Ogunjuyigbe ASO, Odigie O, Munda JL. A multi - criteria GIS based model for wind farm site selection using interval type - 2 fuzzy analytic hierarchy process: the case study of Nigeria. Appl Energy 2018; 228: 1853 - 1869.

⑧ Wang C - N, Huang Y - F, Chai Y - C, Nguyen V. A multi - criteria decision making (MCDM) for renewable energy plants location selection in Vietnam under a fuzzy environment. Appl Sci 2018; 8 (11).

⑨ Wu Y, Geng S, Xu H, Zhang H. Study of decision framework of wind farm project plan selection under intuitionistic fuzzy set and fuzzy measure environment. Energy Convers Manag 2014; 87: 274 - 284.

⑩ Sanchez - Lozano JM, Garcia - Cascales MS, Lamata MT. GIS - based onshore wind farm site selection using Fuzzy Multi - Criteria Decision Making methods. Evaluating the case of Southeastern Spain. Appl Energy 2016; 171: 86 - 102.

⑪ Ali S, Lee S - M, Jang C - M. Determination of the most optimal on - shore wind farm site location using a GIS - MCDM methodology: evaluating the case of South Korea. Energies 2017; 10 (12).

⑫ Pamucar D, Gigovic L, Bajic Z, Janosevic M. Location selection for wind farms using GIS multi - criteria hybrid model: an approach based on fuzzy and rough numbers. Sustainability 2017; 9 (8).

随机变量也能反映准则权重确定和备选站点排序评价的不确定性，与模糊集相比有各种优势①。最后，尽管在中国地区开展了大量研究，但大多数研究都致力于海上风电场或②③④⑤⑥风能/太阳能混合电站的选址⑦⑧。对陆上风电场选址适宜性评价的文献较少⑨⑩⑪。

因此，本研究旨在探索 GIS、IAHP 和随机 VIKOR 相结合的方法，以帮助辽宁省瓦房店市确定适宜的风能开发区位。城市是鸟类重要的栖息地和迁徙地之一，在维护鸟类物种多样性方面发挥着不可替代的作用。因此，鸟类的迁徙通道和鸟类保护区域被纳入本研究的限制和标

---

① Wu Y，Chen K，Xu H，Xu C，Zhang H，Yang M. An innovative method for offshore wind farm site selection based on the interval number with probability distribution. Eng Optim 2017；49（12）：2174 - 2192.

② Wu Y，Zhang J，Yuan J，Geng S，Zhang H. Study of decision framework of offshore wind power station site selection based on ELECTRE - Ⅲ under intuitionistic fuzzy environment：a case of China. Energy Convers Manag2016；113：66 - 81.

③ Wu Y，Chen K，Xu H，Xu C，Zhang H，Yang M. An innovative method for offshore wind farm site selection based on the interval number with probability distribution. Eng Optim 2017；49（12）：2174 - 2192.

④ Gao X，Yang H，Lu L. Study on offshore wind power potential and wind farm optimization in Hong Kong. Appl Energy 2014；130：519 - 531.

⑤ Tian W，Bai J，Sun H，Zhao Y. Application of the analytic hierarchy process to a sustainability assessment of coastal beach exploitation：a case study of the wind power projects on the coastal beaches of Yancheng，China. J Environ Manag 2013；115：2516.

⑥ Wu B，Yip TL，Xie L，Wang Y. A fuzzy - MADM based approach for site selection of offshore wind farm in busy waterways in China. Ocean Eng 2018；168：121 - 132.

⑦ Wu Y，Geng S. Multi - criteria decision making on selection of solar - wind hybrid power station location：a case of China. Energy Convers Manag2014；81：527 - 533.

⑧ Wu Y - n，Yang Y - s，Feng T - t，Kong L - n，Liu W，Fu L - j. Macro - site selection of wind/solar hybrid power station based on Ideal Matter - Element Model. Int J Electr Power Energy Syst 2013；50：76 - 84.

⑨ Wu Y，Geng S，Xu H，Zhang H. Study of decision framework of wind farm project plan selection under intuitionistic fuzzy set and fuzzy measure environment. Energy Convers Manag 2014；87：274 - 284.

⑩ Wu Y，Chen K，Zeng B，Yang M，Li L，Zhang H. A cloud decision framework in pure 2 - tuple linguistic setting and its application for low - speed wind farm site selection. J Clean Prod 2017；142：2154 - 2165.

⑪ Wu Y - n，Yang Y - s，Feng T - t，Kong L - n，Liu W，Fu L - j. Macro - site selection of wind/solar hybrid power station based on Ideal Matter - Element Model. Int J Electr Power Energy Syst 2013；50：76 - 84.

准。分别采用区间层次分析法和随机 VIKOR 法确定各评价准则的权重和各方案的适宜性指标。这是为了解决人为主观判断带来的内在不确定性，获得准确可靠的评估结果。本研究也可应用于某陆上风电场。

本章结构如下：第一节简要介绍以瓦房店地区为例，确定排除标准和评价标准；第二节演示了所提方法（即 IAHP 和随机 VIKOR）的公式和求解过程；第三节对所得结果进行分析和讨论；最后得出了结论。

一、排除不可行的区域和确定标准

（一）中国风电发展概况

中国的风力发电始于 20 世纪 50 年代末，主要是通过建造小型离网风力发电机，解决岛屿和偏远农村地区的电力短缺问题。1986 年 4 月，荣成市第一个风电场建成，山东实现了并网发电，标志着风电场在中国的实际应用开始。从那时起，风力发电进入了三个发展阶段。示范期从 1986 年持续到 1993 年。在这一阶段，多个地区开展了风电技术研究，建立了一系列风电场示范项目，为风电产业发展奠定了初步基础。工业化探索期为 1994 ~2005 年。这一阶段出台了许多优惠和刺激政策，以推动风电产业的发展。同时，启动了一批与风电开发利用相关的科技支撑项目。两者都促进了风电产业进入商业化发展阶段。大规模开发阶段从 2006 年开始，一直持续到现在。2010 年，中国风电累计装机容量超过美国，居世界第一；2013 年，风力发电总量达到 13.5 TWh，成为仅次于火电和水电的第三大能源[①]。截至 2019 年底，风力发电装机容量为 405.7TWh，占总发电量的 5.5%[②]。

---

① Fan X - c, Wang W - q, Shi R - j, Li F - t. Analysis and countermeasures of wind power curtailment in China. Renew Sustain Energy Rev 2015, 52: 1429 - 1436.

② National Energy Administration of China. Clean energy is more important. 2020. http: //www. nea. gov. cn/2020 - 03/03/c_ 138838993. htm. [Accessed 20 May 2020].

作为一种重要的、不可替代的可再生能源，风能资源利用的详细规划和宏伟目标已经确立。国家发展和改革委员会[①]发布的对风电的预期是，2021—2030 年，风电容量将以每年 20GW 的速度增长，占到每年新装机容量的 30%。到 2030 年底，风电装机总量将达到 400GW，在能源结构中的比重将提高到 15%。同时，风力发电将占总发电量的 8.4%。2031～2050 年，陆上风电发展将进入成熟阶段，风电利用重点将逐渐向海上转移。到 2050 年，风电装机总量将接近 1000GW，占每年新增装机总量的 50%。到那时，17% 的电力需求和 26% 的发电可以由风能满足和提供。正如国家发改委所预期的那样，风能将被提升为最重要的发电来源之一。

（二）研究区域

瓦房店市位于辽东半岛西部，在北纬 39°20' 至 40°07' 和东经 121°13' 至 122°17' 之间。截至 2017 年底，全市共有 30 个村，人口 103 万。该地区电力需求主要由火电、水电和风电三种发电方式满足。但由于能源储备有限和对环境质量的负面影响，火电的供应呈现下降趋势，但仍是主要的供应来源，装机容量为 39.6MW。此外，由于现有水资源的不可预测性和波动性，研究地区的水电开发面临着困难。因此，风能的大规模开发是一种较好的发电选择，具有广阔的发展前景。瓦房店地区风力资源丰富，主要风向为东南（SE）和北－西北（NNW）。当地优质风能的特点是年平均风速在 4m/s 至 5m/s，风向稳定，风电场利用时间长，无破坏性风速[②]。近年来，中国风力发电进入快速增长阶段。根据气象站测风资料，可建设大型风电设施的风电场场址估计有 7 个，面积在 129～155km²，总装机容量在 360～500MW。

① National Development and Reform Commission of China. China's wind power development roadmap. 2009. Available from：2050，https：//www. docin. com/p－2088144276. html.

② Institute of environmental engineering，Dalian University of Technology. Environmental impact assessment report on construction planning of wind farm in Wafangdian. 2017. China，https：//www. docin. com/p－1341770509. html. ［Accessed 20 December 2019］.

（三）排除不可行的区域

图 3－1 展示了本研究的一般操作框架。为了减少潜在的不合理评价，首先根据三个预先确定的限制来确定排除区域。这些限制是由基于 GIS 的 BUFFER 工具实现的。这些限制能够确定候选地块是否适合放置风力涡轮机，还能排除不可能地块，所以导致初始可行区域较小。初步可行区域确定后，可通过以下三个程序确定风力发电场的最终合适地点：（1）采用层次分析法为各准则分配权重值；（2）探索随机 VIKOR，评估与标准集对应的每个潜在位置的得分，然后根据步骤（1）产生的权重值计算它们的 Q_i 值；（3）根据 Q_i 值确定所有可能选址的排名，并向当地管理者提供建议。

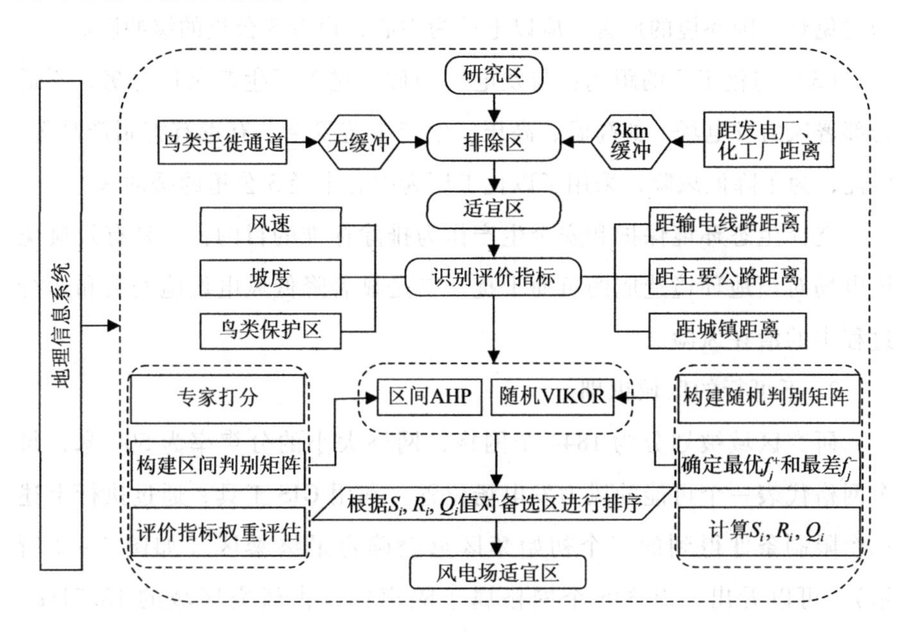

图 3－1　风电场选址的一般程序

1. 限制

在风电场适宜选址的评价过程中，应考虑到任何影响风电场运行性能的因素。因此，为了减少决策空间和计算量，有必要排除不可行的区域。限制主要包括生态保护、安全生产、国际、国家和地方政府的政策法规[①②]。鉴于研究区域的功能定位和土地利用，本研究选取的限制条件如下：

（1）鸟类迁徙通道：现场调查结果表明，研究区域是大天鹅和白鹤的越冬栖息地，是水禽迁徙的主要通道。鸟类的迁徙一般沿固定路线进行，在迁徙路线上设置风力涡轮机会对鸟类的迁徙活动产生不利影响。虽然鸟类有一定的躲避障碍的能力，然而，风力发电设施无疑增加了鸟类的能量消耗，影响了鸟类的生存和繁殖。因此，确定候鸟迁徙通道不适合安装大型风力发电设施。

（2）与发电厂距离：发电厂涉及大量的电气设施、易燃易爆物品、危险化学品和高速旋转的机器。生产环境复杂，潜在风险因素多。因此，为避免对周围环境的危害，应以电厂为中心，设置3公里的缓冲区。

（3）与化工厂的距离：与发电厂相似，化工厂生产条件恶劣，不适合部署风力发电场。如高温、高压、生产工艺复杂、有毒有害副产品等。因此，为了降低风险，采用了以化工厂为中心半径3公里的缓冲区。

选择生态环境保护和安全生产作为排除标准的目的：一是有效避免风电场对当地环境造成的负面干扰，二是显著降低风电设施安装和运行过程中的潜在风险。

2. 不可行的区域识别

研究区域被划分为1844个网格，网格大小的分辨率为500米，每个网格代表一个可能的风力发电场位置。利用GIS工具，通过执行上述三个限制条件得到的三个初始禁区重叠确定最终禁区（如图3－2所示）。可以看出，有345个网格属于隔离区，占研究区域的18.71%。其余1499个网格被认为是风力发电场的潜在选址，并用于进一步的适用性分析。

---

① Hofer T, Sunak Y, Siddique H, Madlener R. Wind farm siting using a spatial Analytic Hierarchy Process approach: a case study of the Stadteregion Aachen. Appl Energy 2016, 163: 222－243.

② Sanchez－Lozano JM, García－Cascales MS, Lamata MT. Identification and selection of potential sites for onshore wind farms development in Region of Murcia, Spain. Energy 2014, 73: 311－324.

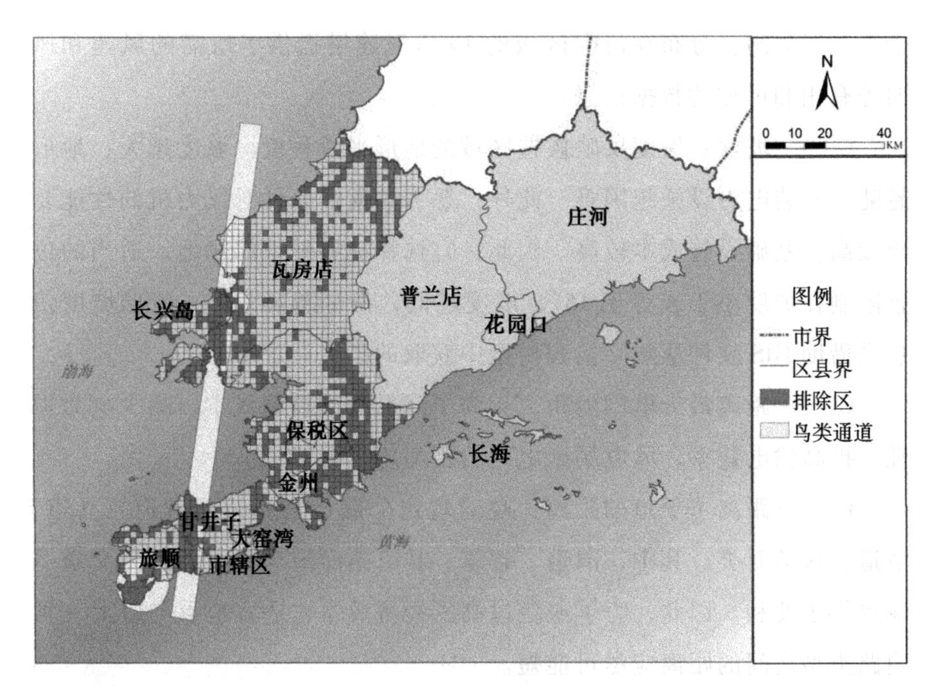

图 3-2　隔离区示范

（四）标识的标准

虽然可行面积不受限制因素的影响，但仍有可能受到其他因素的影响，使其不适宜，这就意味着在选址的评价过程中需要加入一些具体的标准。本研究基于研究区域的现场调查，结合已有陆上风电场选址研究，考虑了社会影响、经济效益、地形、生态环境标准四组因素（见表 3-1）。

表 3-1　　所选择的风电场选址评价标准

种类	标准	参考文献
经济效益	风速	[13] [21] [28] [31] [32] [40] [41] [46] [47]
	到电线的距离	[21] [28] [31] [32] [40] [46] [47]
	至主要道路的距离	[13] [21] [28] [31] [41] [46] [47]
地势	坡度	[13] [28] [31] [32] [40] [41] [46] [47]
生态环境	鸟类保护区	[11] [28] [46]
社会影响	到市区的距离	[13] [21] [28] [31] [32] [40] [41] [46]

C_1——风速：风速是风电发展的重要评价指标和普遍技术指标。高风速意味着风力资源丰富，有利于提高产量。详细的风力资源数据来源

于当地气象站。分布在研究区域的19座风速塔提供了所需的风速和风向等有用和可靠的数据信息。

C_2——坡度：坡度反映候选区域的地形平滑程度。坡度越大，地形越陡，安装电力设施越困难。此外，恶劣的地形条件对风力机的性能要求较高，基础设施成本较高。因此，宜选择地势平坦的场地。适当的位置限制在坡度小于或等于15°，坡度越低，得分越高①②③。地形坡度信息是借助GIS软件从数字高程模型中获取的。

C_3——距离最近电网的距离：为了降低基础设施成本，减少电力损耗，提高输电效率，风电场到电网的距离应尽可能短。

C_4——距离主干道的距离：政府规定公路分为国道、省道、县道、乡道、村道五类。其中，国道、省道、县道路面平坦、宽敞，为交通运输提供了便利。因此，为了避免过高的经济成本，适宜地点与以上三种道路类型之间的距离应尽可能短。

C_5——鸟类保护区：候选区栖息着头鹤等一级保护动物以及鸭、鹤等二级保护动物。因此，有必要考虑风电场对这些珍稀鸟类的影响(如噪声和旋转叶片)。为了尽可能避免对鸟类的影响，风力涡轮机的选址应与鸟类栖息地保持安全距离。在本研究中，假设设计的安全距离足以避免风力涡轮机在保护区周围沉降对鸟类造成的伤害，意味着保护区周围的候选地点对鸟类的影响很小，因此可以作为风电场的选址。因此，当候选地点被确定为非保护区时，将赋值为1，否则为零。

C_6——离市区的距离：在选址时必须考虑到当地居民的接受程度，因为风电场一旦投入使用，就不可避免地会产生一些噪音和视觉影响。

---

① Villacreses G, Gaona G, Martinez - Gomez J, Juan Jijon D. Wind farms suitability location using geographical information system (GIS), based on multi - criteria decision making (MCDM) methods: the case of continental Ecuador. Renew Energy 2017, 109: 275 - 286.

② Noorollahi Y, Yousefi H, Mohammadi M. Multi - criteria decision support system for wind farm site selection using GIS. Sustain Energy Tech 2016, 13: 38 - 50.

③ Sanchez - Lozano JM, García - Cascales MS, Lamata MT. Identification and selection of potential sites for onshore wind farms development in Region of Murcia, Spain. Energy 2014, 73: 311 - 324.

值得注意的是，较低的人口密度有利于风力发电场的建设。因此，随着与居民区距离的增加，可能选址的位置将获得更高的分数。为了表征和可视化研究区域的适宜性，借助于 GIS 工具计算了不同标准对应的所有可能位置的得分。评分分为 0～0.2、0.2～0.4、0.4～0.6、0.6～0.8 和0.8～1.0 五个级别。如图 3－3 所示，通过颜色深度来区分不同的分数，深色代表高分数；反之亦然。

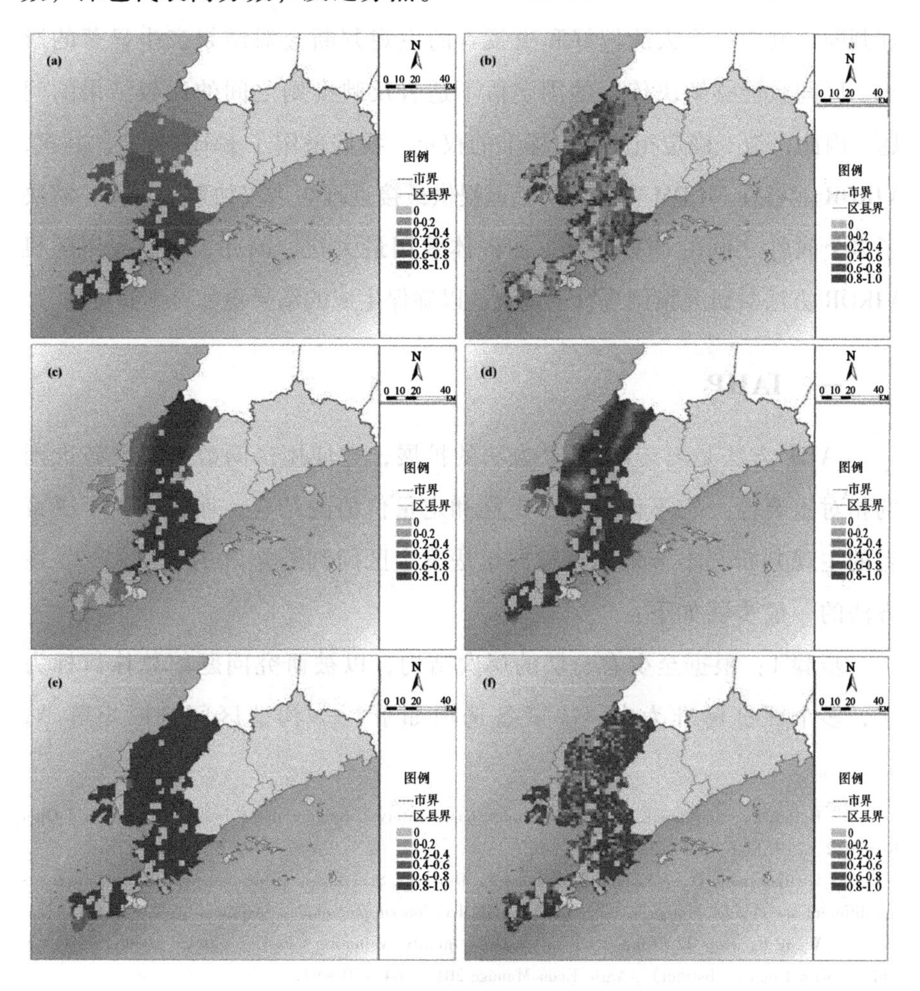

图 3－3 候选网格在每个评价点上的得分

注：(a) 风速；(b) 坡度；(c) 距离最近电网的距离；(d) 距离主干道的距离；(e) 鸟类保护区；(f) 离市区的距离。

第二节 风场选址研究方法

在 GIS 工具的辅助下，采用 IAHP 和随机 VIKOR 相结合的评价方法对瓦房店风电场选址进行了研究。首先，层次分析法能够将评价标准重要性的主观判断数字化，实现量化转化。但是，这种量化也有一定的主观判断，其中，个人的偏好和决策者的主观判断会对结果产生显著的影响。区间数能够解决传统的固定值不适合反映准则之间的比较结果的问题。因此，为了确定相关评价标准的权重，我们采用了 IAHP 方法。其次，VIKOR 能够在 MCDM 方法的基础上提供最接近理想的妥协解决方案，解决了多个属性之间的冲突问题，使群体效用最大化。因此，我们应用随机 VIKOR 方法对研究案例进行了调查，以确保生成的结果更加科学和可靠。

一、IAHP

IAHP 方法是对传统 AHP 方法的扩展，它使用区间数来反映各准则的相对重要性。它不仅有利于定性和定量价值的结合，而且减少了决策者的主观判断。本节采用特征向量法确定区间判断矩阵的权重[①②③]。该方法的一般步骤如下：

步骤 1：根据至少有三层的层次结构，以被研究问题的总体目标为上，多个评价标准为中，决策备选项如下[④⑤]，构造区间判断矩阵 A，

---

① Entani T, Sugihara K. Uncertainty index based interval assignment by Interval AHP. Eur J Oper Res 2012, 219 (2): 379 - 385.

② Ghorbanzadeh O, Moslem S, Blaschke T, Duleba S. Sustainable urban transport planning considering different stakeholder groups by an interval - AHP decision support model. Sustainability 2019; 11 (1) .

③ Wang F, Ren W. Chinese new urbanization quality evaluation based on interval number AHP (in Chinese with English abstract) . Agric Econ Manage 2015, 64 - 70 + 91.

④ Albayrak E, Erensal YC. Using analytic hierarchy process (AHP) to improve human performance: an application of multiple criteria decision making problem. J Intell Manuf 2004, 15 (4): 491 - 503.

⑤ Zhang S, Sun B, Yan L, Wang C. Risk identification on hydropower project using the IAHP and extension of TOPSIS methods under interval - valued fuzzy environment. Nat Hazards 2013, 65 (1): 359 - 373.

如式（3-1）所示。a_{ij}^{+} 和 a_{ij}^{-} 分别表示属性 i 相对于属性 j 的重要性的下界和上界。在此区间两两比较矩阵中，重要级别为一元素相对于另一个元素的基于萨提 1-9 量表如表 3-2 所示。

$$A=\begin{pmatrix} [1,\ 1] & [a_{12}^{-},\ a_{12}^{+}] & \cdots & [a_{1n}^{-},\ a_{1n}^{+}] \\ [a_{21}^{-},\ a_{21}^{+}] & [1,\ 1] & \cdots & [a_{2n}^{-},\ a_{2n}^{+}] \\ \cdots & \ddots & \ddots & \cdots \\ [a_{n1}^{-},\ a_{n1}^{+}] & [a_{n2}^{-},\ a_{n2}^{+}] & \cdots & [1,\ 1] \end{pmatrix} \tag{3-1}$$

步骤 2：应用特征向量法求解区间判断矩阵权重值的具体步骤。首先，计算 A^{-}、A^{+} 的最大特征值 λ^{-}、λ^{+} 及其对应的具有正分量的归一化特征向量 X^{+}、X^{-}。其中，$A^{-}=(a_{ij}^{-})_{m\times n}$ 和 $A^{+}=(a_{ij}^{+})_{m\times n}$ 分别为两两比较矩阵 A 的下界和上界。在这之后，K 和 m 根据公式 $K=\sqrt{\sum_{j=1}^{n}\frac{1}{\sum_{i=1}^{n}a_{ij}^{+}}}$，$m=\sqrt{\sum_{j=1}^{n}\frac{1}{\sum_{i=1}^{n}a_{ij}^{-}}}$ 确定，给定区间权重向量（W）为 $W=[kx^{-},mx^{+}]$；最后用 $\overline{W}$ 来表征 W，其中 $\overline{W}=[m(A),r]$。在这个表达式中，$m(A)=1/2(kx^{-}+mx^{+})$，$r=m(A)-kx^{-}$，其中 r 的值可以忽略不计，因为它非常小，$m(A)$ 的大小反映了权重之间的数量关系。

表 3-2　两两比较的关系重要性判断量表（PCs）（萨提 1~9 量表）

价值	语言描述	定义
1	同样重要	两个因素的作用相同
3	适度重要	某种元素更受青睐
5	强烈重要	某一元素受到强烈青睐
7	非常重要	一种元素具有很强的支配性
9	极更重要	一种元素是非常重要的
2、4、6、8	中间值	两个要素之间的折中

步骤 3：确定综合权重并进行排序。根据判断矩阵内的局部权值，根据该公式 $W_i^{(k+1)}=\sum_{j=1}^{n}W_{ij}^{(k)}W_j^{k}$，$i=1,2,\cdots,m$ 计算方案相对于上级属性的权值；其中，$W_i^{(k+1)}$ 表示方案 i 对 $k+1$ 级的权重，W_j^{k} 表示方案 j

在 k 级的权重值，$W_{ij}^{(k)}$ 为方案 i 对方案 j 的权重，m 为方案个数。最后，明确了各指标综合权重之间的定量关系。

采用 IAHP 方法，根据当地专家、相关部门人员和工程师给出的评分，确定各指标的权重。本节广泛采用传统层次分析法（AHP）的 1－9 尺度（见表 3－3）来定义两两比较元素的数值区间，由此得出了本案例的区间判断矩阵。计算结果表明：风速（C_1）、坡度（C_2）、到最近电网距离（C_3）、到主要道路距离（C_4）、保护区距离（C_5）和到城市距离（C_6）的权重分别为 0.4037、0.1688、0.0497、0.0273、0.2587 和 0.0938；权重的大小反映了该标准对总体目标的影响程度；值越大，影响越大。

表 3－3　为 IAHP 建立区间判断矩阵

	C_1	C_2	C_3	C_4	C_5	C_6
C_1	[1, 1]	[2, 3]	[1/3, 1/2]	[4, 5]	[5, 6]	[6, 7]
C_2	[1/3, 1/2]	[1, 1]	[1/4, 1/3]	[3, 4]	[4, 5]	[5, 7]
C_3	[2, 3]	[3, 4]	[1, 1]	[5, 6]	[6, 7]	[7, 8]
C_4	[1/5, 1/4]	[1/4, 1/3]	[1/6, 1/5]	[1, 1]	[3, 5]	[5, 6]
C_5	[1/6, 1/4]	[1/5, 1/4]	[1/7, 1/6]	[1/5, 1/3]	[1, 1]	[3, 5]
C_6	[1/7, 1/6]	[1/7, 1/5]	[1/8, 1/7]	[1/6, 1/5]	[1/5, 1/3]	[1, 1]

二、随机 VIKOR

本研究在全面调查及了解当地情况后，咨询了 125 位不同职业及背景的利益相关者，包括环保部门、电力公司、规划部门及当地居民。不同群体内部存在的主观性会导致评分结果的较大差异，这主要是因为咨询师对每个标准对应的候选地点的评分有自己的观点。因此，评分结果不能很好地作为确定性值来表达，更多的是使用随机数来进行适用性分析，因为随机数在更好地表达判断过程中的不确定性方面具有优势[①②]。在本研究中，我们确定 125 个利益相关者提供的统计得分服从正态分布，可以用均值和标准差来描述。此外，在瓦房店案例的决策矩阵中，基于公式化的概率密度函数给出了一个随机区间，在预定义的数值区间范围内，候选网格在不同条件下的得分可以设置为任意值。当用随机数据来表示输入参数可能具有的势域或容差程度时[③]，就需要用变异系数（cv）作为参数分布的统计度量来表征与一系列参数相关的不确定性。

采用随机 VIKOR 方法处理 MCDM 问题，得到的决策矩阵如式（3-2）所示，其中术语 $A_1, A_2, \cdots, A_m$ 是可供决策者选择的候选网格；相应地，项目 $C_1, C_2, \cdots, C_n$ 是用于衡量其绩效的评价标准，$w_j (j = 1, 2, \cdots, n)$ 是评价标准的权重，表示与每个标准相关的相对重要性。此外，$\bar{f}_{ij}$ 在矩阵内部起尺度函数的作用，表示第 i 个网格在第 j 个评价准则下的值。第 i 个网格和第 j 个评价准则对应的变异系数用 cv_{ij} 表示。

$$
\begin{array}{cccccc}
 & C_1 & C_2 & \cdots & C_n \\
A_1 & [\bar{f}_{11}, cv_{11}] & [\bar{f}_{12}, cv_{12}] & \cdots & [\bar{f}_{1n}, cv_{1n}] \\
A_2 & [\bar{f}_{21}, cv_{21}] & [\bar{f}_{22}, cv_{22}] & \cdots & [\bar{f}_{2n}, cv_{2n}] \\
\cdots & \cdots & \cdots & \cdots & \cdots \\
A_m & [\bar{f}_{m1}, cv_{m1}] & [\bar{f}_{m2}, cv_{m2}] & \cdots & [\bar{f}_{mn}, cv_{mn}]
\end{array}
$$

$$W = [w_1, w_2, \cdots, w_n] \tag{3-2}$$

要应用随机 VIKOR 方法，需要遵循以下几个步骤：

（1）利用（3-3）和（3-4）的关系确定所有标准的最佳 f_j^+ 和最差 f_j^- 值。其中这两个公式表明评价标准极值的主导因素是每个标准对

---

① Li Q, Liu S, Fang Z. Stochastic VIKOR method based on prospect theory (in Chinese with English abstract). Comput Eng Appl 2012, 48 (30): 1-4+32.

②③ Tavana M, Kiani Mavi R, Santos-Arteaga FJ, Rasti Doust E. An extended VIKOR method using stochastic data and subjective judgments. Comput Ind Eng 2016, 97: 240-247.

应的最大可变系数，即 $max_i cv_{ij}$。

（2）在步骤（1）之后，根据（3－5）和（3－6）两个方程，计算 S_i 和 R_i 的相关值，$i=1,\ 2,\ \cdots,\ m$，其中两个参数（S_i 和 R_i）分别为决策方案的群体效用测度和个体后悔测度。

（3）$Q_i\ (i=1,2,\cdots,m)$ 采用 $Q_i = v\left[\frac{(S_i - S^+)}{(S^- - S^+)}\right] + (1-v)\left[\frac{(R_i - R^+)}{(R^- - R^+)}\right]$，其中，引入 v 来说明决策者的乐观程度。通常情况下，乐观的决策者出于群体效用最大化的考虑，会给 v 赋高值，悲观的决策者则会更多地考虑可能导致 v 值偏低。在本研究中，该参数被设置为中性值，即 $v=0.5$①。其他输入参数分别根据式（3－7）和式（3－8）估计。

（4）对得到的 (S_i, R_i, Q_i) 结果进行排序，对候选网格进行排序，最后推荐一个折中解。

相关方程如下：

$$f_j^+ = \max \bar{f}_{ij} \times (1 + \max_i cv_{ij})$$
$$\forall i : i = 1,2,\cdots,m \tag{3-3}$$

$$f_j^- = \max \bar{f}_{ij} \times (1 + \max_i cv_{ij})$$
$$\forall i : i = 1,2,\cdots,m \tag{3-4}$$

$$S_i = \sum_{j=1}^{n} w_j \frac{\max \bar{f}_{ij} \times (1 + \max_i cv_{ij}) - \bar{f}_{ij}}{\max \bar{f}_{ij} \times (1 + \max_i cv_{ij}) - \min \bar{f}_{ij} \times (1 + \max_i cv_{ij})} \tag{3-5}$$

$$R_i = \max_j \left[w_j \frac{\max \bar{f}_{ij} \times (1 + \max_i cv_{ij}) - \bar{f}_{ij}}{\max \bar{f}_{ij} \times (1 + \max_i cv_{ij}) - \min \bar{f}_{ij} \times (1 + \max_i cv_{ij})} \right] \tag{3-6}$$

① Kackar RN. Off－line quality control, parameter design, and the taguchi method. In: Dehnad K, editor. Quality control, robust design, and the taguchi method. Boston, MA: Springer US; 1989. 51－76.

$$S^+ = \min[(S_i) \mid i = 1,2,\cdots,m]$$

$$S^- = \max[(S_i) \mid i = 1,2,\cdots,m] \tag{3-7}$$

$$R^+ = \min[(S_i) \mid i = 1,2,\cdots,m]$$

$$R^- = \max[(S_i) \mid i = 1,2,\cdots,m] \tag{3-8}$$

第三节 结论与展望

一、结果分析

（一）禁止区

如图 3－2 所示，约 345 个网格属于排除范围（主要分布在中东部和北部地区），占总区域的 18.71%。位于候鸟迁徙路线上的地块共 118 块，占禁捕面积的 34.2%。此外，由于电厂或化工厂的制造过程中存在潜在的生产风险，所以应该淘汰接近电厂或化工厂的区域。不合格场地与两家高风险生产企业的距离限制在 3 公里以内，导致废弃网格 199 个，占排除区域的 57.7%。此外，有 28 个地块不仅位于鸟类迁徙通道内，而且与 2 家企业相邻，占总排除地块的 8.1%。确定它们是最不适合风力涡轮机的地点，不应考虑。

（二）合适的区域

为了更好地对拟建区域的适宜性进行分类，在表 3－4 中，基于所有候选网格的 Q_i 得分将可行区域划分为 5 类。如上所述，位于隔离区的 345 块地块没有考虑风电场的布置。因此，利用 *IAHP* 和随机 *VIKOR* 方法计算剩余 1499 个网格的 Q_i 值，得出适宜的类别（见图 4－1）。结果表明，62 个网格非常适合布置风设施（约占总网格数的 3.36%），495 个网格和 600 个网格分别属于适宜范围（约占总网格数的 26.84%）和一般适宜范围（约占总网格数的 32.54%）。相反，占总数量的 17.30% 的 319 分不适合建设风力发电，23 分是非常不适合风力发电

（占总数量的1.25%）。其中，达到相关法规和要求的比例为62.74%；所提出的布置区域具有一定的发展潜力。

表3-4　通过综合方法和灵敏度分析，得到了候选网格的评价结果

分类	Q_i 价值	AHP&VIKOR		敏感性分析					
				场景一		场景二		场景三	
		总数	比例(%)	总数	比例(%)	总数	比例(%)	总数	比例(%)
非常合适	<0.2	62	3.36	43	2.33	29	1.58	158	8.57
合适	0.2-0.4	495	26.84	161	8.73	441	23.91	353	19.41
一般	0.4-0.6	600	32.54	546	29.61	515	27.93	857	46.48
不合适	0.6-0.8	319	17.30	675	36.61	467	25.32	84	4.55
非常不合适	>0.8	23	1.25	74	4.01	47	2.55	47	2.55
合适的总面积		557	30.22	204	11.06	470	25.49	511	27.71
不合适的总面积		342	18.55	749	40.62	514	27.87	131	7.10
总结		网格总数				比例			
可行的区域		1499				81.29			
禁止区		345				18.71			
总面积		1844				100			

IAHP结果表明，风速是风电场选址最关键的评价标准，对适宜性评价的影响最大。如图3-4所示，由于风速较低，安装在东北地区的风力涡轮机难以产生可观的电力和收益。此外，由于该区域坡度较高，C_2得分不理想，会显著增加初始投资和生产风险。此外，距离电力线路较远，使该地区不适合支持风力发电的运输。结果表明，东北地区不适合开发风能。与东北地区相似，西北地区风速较低，地形陡峭，不利于安装风力发电机。

中心部分的特点是风速大，有利于输出电能。但坡度和距离市区的标准得分较低，导致建设成本增加，影响周边居民的正常生活。因此，通过综合评价，确定中部为公共区域。中东部地区距离鸟类保护区较远，毗邻主要道路和输电线路，属于适宜区域。东南部风力资源丰富，地势平坦（以平原为主），人口密度较低，是最佳区域。

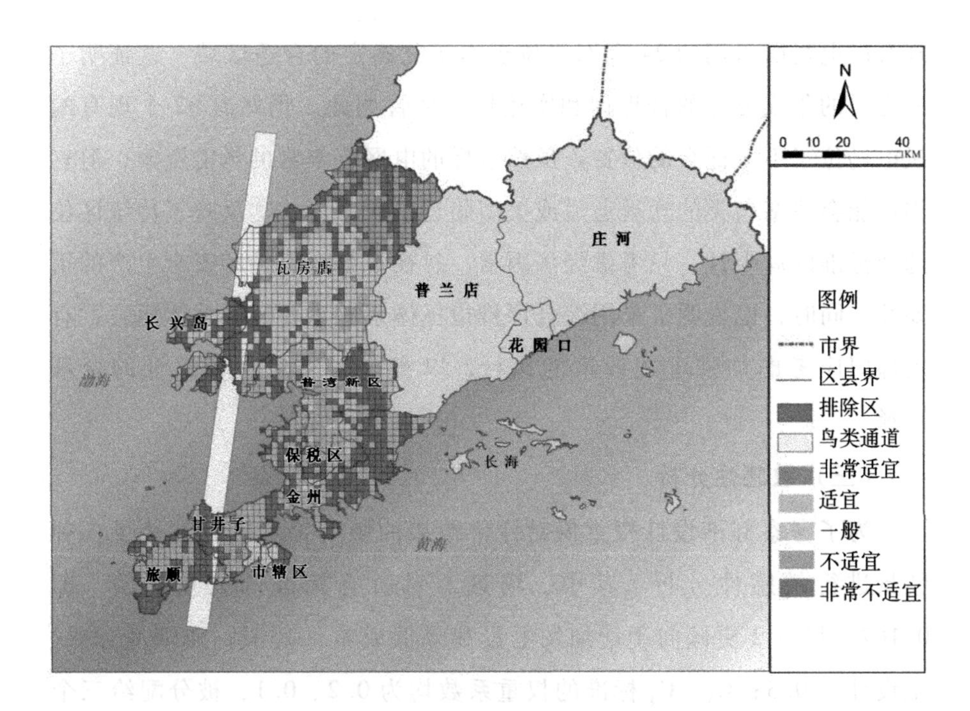

图3-4　基于IAHP和随机VIKOR方法的综合评价结果

一般来说，候选布置区域的南部更适合开发风能。这是因为它风速大，距离鸟类迁徙通道和鸟类保护区较远。地方政府发布的一些与风电场建设相关的政策文件强调了在风电场选址时综合考虑所有潜在影响因素的重要性。根据《风电场选址技术规程》，为确保风力发电机组稳定高效运行，选址应综合考虑风电资源、交通、并网条件、地形、社会影响等多种因素，确定候选地[①]。此外，《辽宁省风电场生态建设管理暂行办法》标准规定，重要鸟类栖息地及其关键迁徙通道为风电场建设禁区[②]。这些规定与本研究设计的评价标准是一致的，这确保了最终的结果是合理的和可行的。将评估结果与现有风电场位置进行比较，发现

① National energy administration of China. Technical regulations for wind farm site selection. 2015. http: //www. nea. gov. cn/2015 -12/13/c_ 131051493. htm. [Accessed 21 May 2020].

② Department of Ecology and Environment of Liaoning Province. Interim measures for ecological construction management of wind farms in liaoning province. 2017. http: //sthj. ln. gov. cn/xxgkml/zfwj/lhf/201110/t20111021_ 90336. html. [Accessed 21 May 2020].

现有风电场所占用的24个网格位于本研究确定的合适区域。这证明了所提出的集成方法的合理性和实用性。尽管如此，仍然有32个现有的风电场位于不太适合的位置。虽然这样的电网有丰富的风能资源，但它们可能会堵塞鸟类的迁徙通道或关闭附近的化工厂。这反映了传统区位选择标准的局限性，只考虑经济因素，忽视了生态保护和安全生产的重要性。同时，也说明了采用综合评价指标体系的重要性。总体而言，有关部门应考虑加强上述政策的执行，以实现未来风电场选址的合理选择。

（三）敏感性分析

为了考察标准设计权重值对评价结果的影响，本研究设计了三种情景进行敏感性分析。其中，场景1对所有标准的权重相等，即0.167。场景2更倾向于增加发电量和降低成本，其中，准则C_1的权重设计为0.3；C_3、C_4标准的权重系数均为0.2、0.1，被分配给三个标准的其余部分。场景3强调生态环境保护和社会影响。因此，C_5准则的权重值最大，为0.3，其次是C_2和C_6，权重值为0.2；其他标准的权重为0.1。三种情景下的评估结果分别如图3-5（a）、（b）和（c）所示。

由图3-5（a）和表3-4可知，场景1下，候选区域非常适宜面积占总面积的比例分别为2.33%、8.73%、29.61%、36.61%，非常不适宜面积占4.01%。与上述评价结果相比，适宜面积减少了19.14%；相反，不适宜面积增加了22.07%，主要集中在中部、西北和西南地区。究其原因，C_1和C_5的权重值相对于其他标准较高，在适宜性分类中占主导地位；适宜区域的存在，是由于许多指定网格在以上两项指标上得分较高。每个标准的平均权重值意味着上述两个标准的减少，对整个区域的适宜性产生了负面影响。对于其他标准权重的增加，较低的评分无法将一些不适宜的区域转化为适宜的区域。在情景2下也进行了类似的对比分析，非常适宜的候选地块占总面积的1.58%，适宜面积占

23.91%，一般面积占 27.93%，不适宜面积占 25.32%，非常不适宜面积占 2.55%。与原评价结果相比，有利区减少了 4.71%，不利区增加了 9.32%，主要原因是西部和南部的部分地块由适宜转为不适宜。此外，东北地区风力资源匮乏，距离输电线路较远，经济效益较差，被定义为不适宜地区。场景 3 下的评价结果显示，北部地区因其在环境和社会标准上的优势而表现出适宜性，公共区域比例大幅增加（46.48%）。此外，其他四个适宜性类别（即非常适合，适宜区、不适宜区和极不适宜区），比例分别为 8.57%、19.14%、4.55% 和 2.55%。显然，如图 3-5 所示，3 种情景下的最佳候选网格主要位于东南部，少量位于中部，这与原始评价结果相似。这是因为它们在 6 个评价标准上具有平衡的性能，有利于实现高发电量、低基础设施成本和运输损失，以及减弱对当地生态系统和人们生活的破坏或影响。

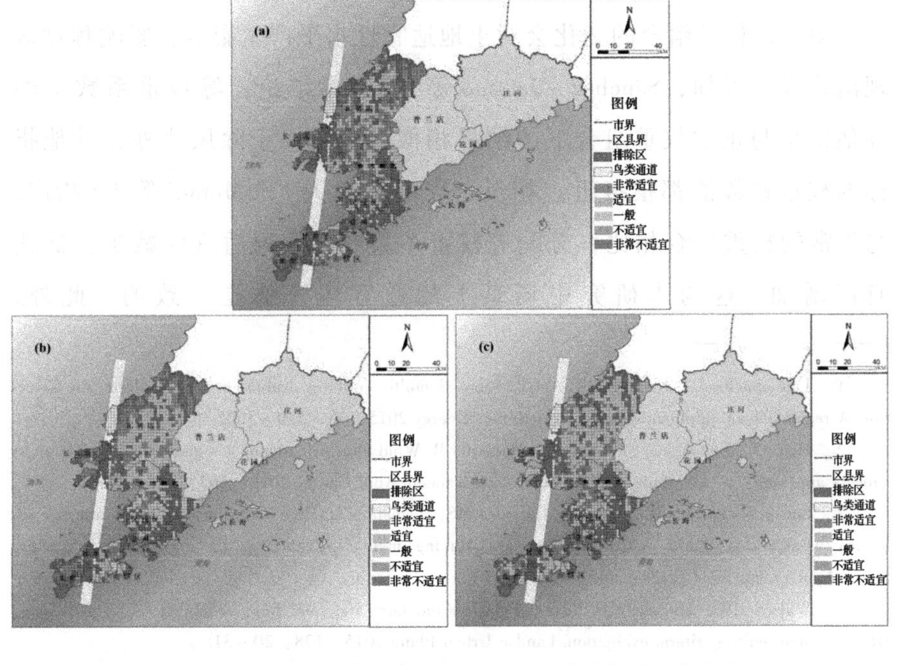

图 3-5　基于 IAHP 和随机 VIKOR 方法的综合评价结果

注：(a) 场景 1；(b) 场景 2；(c) 场景 3。

二、讨论

本研究的评估结果与其他研究结果进行了比较，以验证所提出方法的有效性和适用性。结果发现，评价结果基本一致。

第一，现有风电场主要位于高适宜性区域，但比例不同。例如，Latinopoulos 和 Kechagia① 发现，希腊有很大比例持牌运营的风力发电场位于高度合适的地区。现有风电场属于适宜区域的数量约为 42.86% 。这可能是因为以往的研究主要集中在风力发电方面，忽视了生态保护、安全生产和社会影响。Höffer 等人②的另一项研究称，在 Städteref Aachen 地区的大多数现有风电场都位于高度适宜的区域内或邻近，这与我们的研究评估结果相对一致。这说明评价标准的综合考虑不仅要考虑风电场的经济产出，还要考虑生态环境保护和社会接受度。

第二，权重组合的变化会对土地适宜性水平产生影响，影响程度表现出差异。例如，Sánchez - Lozano 等人③得出结论，等权重系数下的评估结果与正常权重组合下的结果相似。这是由于除风速外，其他指标的权重系数值都很接近。相反，Watson 等人④和 Moradi 等人⑤指出，与正常的权重组合相比，分配等权重系数会导致高适宜区减少，低适宜区增加。这与本研究中场景 1 的适宜性评估是一致的。此外，

---

① Latinopoulos D, Kechagia K. A GIS - based multi - criteria evaluation for windfarm site selection. A regional scale application in Greece. Renew Energy 2015, 78: 550 - 560.

② Hofer T, Sunak Y, Siddique H, Madlener R. Wind farm siting using a spatial Analytic Hierarchy Process approach: a case study of the Stadteregion Aachen. Appl Energy 2016, 163: 222 - 243.

③ Sanchez - Lozano JM, Garcia - Cascales MS, Lamata MT. GIS - based onshore wind farm site selection using Fuzzy Multi - Criteria Decision Making methods. Evaluating the case of Southeastern Spain. Appl Energy 2016, 171: 86 - 102.

④ Watson JJW, Hudson MD. Regional Scale wind farm and solar farm suitability assessment using GIS - assisted multi - criteria evaluation. Landsc Urban Plann 2015, 138: 20 - 31.

⑤ Moradi S, Yousefi H, Noorollahi Y, Rosso D. Multi - criteria decision support system for wind farm site selection and sensitivity analysis: case study of Alborz Province, Iran. Energy Strateg Rev 2020, 29: 100478.

Höffer 等人①还设计了三组权重组合场景，以检验权重变化对适宜性评价结果的影响。结果表明，与经济优先情景相比，研究区域在人群干扰优先和生态环境保护方面更适合。这一发现也与我们研究中场景 2 和场景 3 下的评估结果一致，显示了所提出方法具有令人满意的可行性和可靠性。

上述对比表明，本节提出的基于 GIS 的区间 AHP 与随机 VIKOR 集成方法能够为风电场选址提供准确可靠的评价结果，也适用于复杂空间的其他可再生能源形态的土地适宜性分析和多标准评价。对于其他可再生能源，如太阳能、水力发电、地热和生物质，本研究中描述的选址程序也适用。一般来说，关键的一步是根据研究区域的实际情况和特定的能量形态，建立一个包含经济、社会、地理和生态环境标准的综合评价指标体系。例如，在上述四种能源类型中，太阳辐射、降雨、地温和植被覆盖因子应被认为是最重要的经济指标。然后，采用 IAHP 方法，在征求地方部门（包括能源、水利、地质、农业等部门）、上述领域专家以及受影响人群意见的基础上，确定所选标准的权重值。最后，在 GIS 工具的辅助下，基于随机 VIKOR 方法对研究区域的适宜性水平进行评价。事实上，本研究不仅提供了一个现实可行的理论框架，而且阐述了选址评价的概念。

三、展望

无论如何，未来仍有一些方面需要改进。

（1）利用三个预先确定的限制来确定禁区，将低估其实际范围，因为没有调查一些可能禁止发展的地方，所以建议考虑更全面的限制，以确保禁区的完整性和合理性。

（2）虽然在评估过程中涉及六项准则，却忽略了其他可能影响候

---

① Hofer T，Sunak Y，Siddique H，Madlener R. Wind farm siting using a spatial Analytic Hierarchy Process approach：a case study of the Stadteregion Aachen. Appl Energy 2016，163：222 – 243.

选地点适宜性的因素（例如土地用途类型和兴趣地点），导致评估结果不合理。因此，建立综合评价指标体系至关重要。此外，标准 C_5（鸟类保护区）的设计缺乏合理性，将非保护区的候选地估计为 1，否则为 0。实际上，以距保护区的距离来评价适宜性更为合理，距保护区越远的场地得分越高。

（3）风速资料来自气象站的历史资料。然而，研究区域内的气象站有限，这将导致风速的测量数据不太具有代表性。应采用科学的数据处理方法和可能的现场测量，以确保相关数据信息的完整性。

风电场选址适宜性评价是确保风能合理、健康利用的有效决策工具。本研究首次在 GIS 工具的辅助下，采用 IAHP 和随机 VIKOR 的综合评价方法，确定了瓦房店地区风电场的适宜区域。采用 IAHP 和随机 VIKOR 处理了 6 个标准相对重要性评价和各指标对应的候选网格得分估计中涉及的不确定性，有效保证了评价结果的合理性。

在选址初期采用 3 种限制条件确定排除区域，共确定 345 个网格属于排除区域，占总面积的 18.71%，有助于减少计算量。在地理上，禁区主要位于西北部和东部。将风速、坡度、到最近电网的距离、到主要道路的距离、保护鸟类区域和到市区的距离 6 个评价标准纳入选址过程。适宜度评价结果表明，适宜风电场的区域位于中南部，占总候选电网的 30.2%，其中，非常适宜风电场的区域有 62 个，占总候选电网的 3.36%，具有较大的风能发展潜力。与现有风电场覆盖的 56 个电网相比，24 个电网位于适宜区域，重合度为 43%。基于 3 种权重情景的敏感性分析表明，权重的变化对候选站点的适宜性类别有显著影响。与原来的评估结果相似，三种情景下确定的适宜区域基本属于中南部地区，这些地区得分较高，并在 6 项评估标准上达到了平衡。在进一步的研究中，其他关键标准，如土地利用类型和兴趣地点，以及科学的数据处理方法和可能的现场测量，都有可能进一步融入评价过程，产生更合理和可行的选址模式。

第四章 风场选址研究——模糊测度方法

第一节 空间数据对确定最佳风场位置的重要性

目前，世界一次能源消耗已从1965年的3701百万吨石油当量增加到2017年的13511百万吨石油当量[①]。在2017年的全球消费水平上，煤炭、石油和天然气分别仅够52.6年、50.2年和134年[②]。同时，这一过程也会产生空气污染物和全球变暖。国际社会越来越关注一次能源消费对气候变化和空气污染的影响，促使许多国家重视可再生能源的利用和开发[③]。众所周知，风能是一种可再生能源，可以持续利用，不会带来任何空气污染，有望取得广泛的商业成功。

选择合适的风电场位置必须针对特定的行政区域，这涉及限制、平衡和权衡[④⑤⑥]。风电场的选址对风力发电机组投资的可行性非常重要，

① Kan. S. Y.; Chen, B.; Chen, G. Q. Worldwide energy use across global supply chains: Decoupled from economic growth. Applied Energy 2019, 250 (15): 1235 - 1245.

② BP. 2018. BP statistical review of world energy 2018. UK: BP.

③ Perera, A. T. D; Vahid, M. N.; Chen, D.; Scartezzini, J. L.; Hong, T. Z. Quantifying the impacts of climate change and extreme climate events on energy systems. Nature Energy 2020, 5: 150 - 159.

④ Lu, Y.; Sun, L.; Xue, Y. Research on a Comprehensive Maintenance Optimization Strategy for an Offshore Wind Farm. Energies 2021, 14: 965.

⑤ Shin, J.; Baek, S.; Rhee, Y. Wind Farm Layout Optimization Using a Metamodel and EA/PSO Algorithm in Korea Offshore. Energies 2021, 14: 146.

⑥ Ziemba, P. Multi - Criteria Fuzzy Evaluation of the Planned Offshore Wind Farm Investments in Poland. Energies 2021, 14: 978.

同时也与野生动物和社会经济等环境影响有关。因此，地方规划者面临双重挑战，因为他们必须制订经济增长计划，减少环境风险①。因此，确定风电场的最佳发展位置是十分必要的。以往许多研究都将多准则决策（MCDM）广泛应用于能源规划中②。例如，Mehmet 和 Metin 提出了一种基于 BOCR 和 ANP 的混合 MCDM 模型，用于研究可再生能源替代方案优先级③。Fetanat 和 Khorasaninejad 在模糊分析网络方法的基础上，提出了一种新的混合 MCDM 方法，用于寻找伊朗西南部海上风电场的最佳位置。结果表明，专家意见变化时，该方法的稳健性较好④。总的来说，这些研究对风电场选址评价是有效的。

在实际问题中，空间数据对确定最佳风电场位置非常重要。地理信息系统（GIS）是解决空间规划与管理问题的有效工具⑤。因此，自2000年以来，许多研究通过将 MCDM 与 GIS 相结合，在几个国家努力估计风电场的位置，优先建设替代方案⑥⑦⑧⑨。例如，Latinopoulos 和

---

① Latinopoulos, D.; Kechagia, K. A GIS - based multi - criteria evaluation for wind farm site selection. A regional scale application in Greece. Renewable Energy 2015, 78: 550 - 560.

② Behera, S.; Sahoo, S.; Pati, B. B. A review on optimization algorithms and application to wind energy integration to grid. Renewable and Sustainable Energy Reviews 2015, 48: 214 - 227.

③ Mehmet, K.; Metin, D. Prioritization of renewable energy sources for Turkey by using a hybrid MCDM methodology. Energy Conversion and Management 2014, 79: 25 - 33.

④ Fetanat, A.; Khorasaninejad, E. A novel hybrid MCDM approach for offshore wind farm site selection: A case study of Iran. Ocean & Coastal Management 2015, 109: 17 - 28.

⑤ Hu, J.; Harmsen, R.; Crijns - Graus, W.; Worrell, E. Geographical optimization of variable renewable energy capacity in China using modern portfolio theory. Applied Energy 2019, 253: 113614.

⑥ Aydin, N. Y.; Kentel, E.; Duzgun, S. GIS - based environmental assessment of wind energy systems for spatial planning: A case study from Western Turkey. Renewable and Sustainable Energy Reviews 2010, 14 (1): 364 - 373.

⑦ Baban, S. M. J.; Parry, T. Developing and applying a GIS - assisted approach to locating wind farms in the UK. Renewable Energy 2001, 36 (3): 1125 - 1132.

⑧ Haaren, R.; Fthenakis, V. GIS - based wind farm site selection using spatial multi - criteria analysis (SMCA): evaluating the case for New York State. Renewable and Sustainable Energy Reviews 2011, 15 (7): 3332 - 3340.

⑨ Omitaomu, O. A.; Blevins, B. R.; Jochem, W. C.; Mays, G. T.; et al. Adapting a GIS - based multicriteria decision analysis approach for evaluating new power generating sites. Applied Energy 2012, 96: 292 - 301.

Kechagia 开发了一种基于 GIS 的希腊风电场选址多准则评价方法，结果表明，该方法可以为未来风电场建设提供合适的选址①。Baseer 等利用基于 GIS 的 MCDM 方法进行风电场选址适宜性分析②。Konstantinos 等人提出了 AHP 和 GIS 的组合，以确定希腊东马其顿和色雷斯地区最合适的地点③。Spyridonidou 和 Vagiona 利用 GIS 和统计设计院的软件，在国家空间规划规模下规划了希腊海上风电场④。然而，基于 GIS 的风电场选址评价方法主要集中在空间要素上，没有考虑对选址适宜性进行差异化和精细化的评价，未能实现最优选址在评估合适的风电场位置时，几乎所有的多尺度多目标决策方法都假定评价因子相互独立。因此，对于复杂系统，很难建立一套独立的因素⑤⑥。对于具有交互因子的多因素综合决策方法，模糊测度是评价综合中间因子的一种有效方法，通过模糊积分可计算因子权重⑦。模糊测度是用较弱的单调性替换可加性得到的，它是非可加测度的一种形式⑧。以往的一些研究主要集中在模糊

① Latinopoulos, D.; Kechagia, K. A GIS-based multi-criteria evaluation for wind farm site selection. A regional scale application in Greece. Renewable Energy 2015, 78: 550-560.

② Baseer, M. A.; Rehman, S.; Meyer, J. P.; Alam, M. M. GIS-based site suitability analysis for wind farm development in Saudi Arabia. Energy 2017, (141): 1166-1176.

③ Konstantinos, I.; Georgios, T.; Garyfalos, A. A Decision Support System methodology for selecting wind farm installation locations using AHP and TOPSIS: Case study in Eastern Macedonia and Thrace region, Greece. Energy Policy 2019, 132: 232-246.

④ Spyridonidou, S.; Vagiona, D. G. Spatial energy planning of offshore wind farms in Greece using GIS and a hybrid MCDM methodological approach. International Journal of Integrated Engineering 2020, 12 (2): 294-301.

⑤ Wang, J. J.; Jing, Y. Y.; Zhang, C. F.; Zhao, J. H. Review on multi-criteria decision analysis aid in sustainable energy decision-making. Renewable and Sustainable Energy Reviews 2009, 13 (9): 2263-2278.

⑥ Zhang, L.; Zhou, P.; Newton, S.; Fang, J. X.; Zhou, D. Q.; Zhang, L. P. Evaluating clean energy alternatives for Jiangsu, China: An improved multi-criteria decision making method. Energy 2015, 90: 953-964.

⑦ Grabisch, M.; Labreuche, C. A decade of application of the Choquet and Sugeno integrals in multi-criteria decision aid. Annals of Operations Research 2010, 175: 247-286.

⑧ Grabisch, M. The application of fuzzy integrals in multicriteria decision making. European Journal of Operational Research 1996, 89 (3): 445-456.

积分和模糊测度的理论发展上①②。结果表明，模糊测度能有效地处理各种因素的相互作用。然而，模糊测度理论及其在多目标规划与地理信息系统集成中的应用较少，尤其是在风电场选址优化中的应用较少。其原因在于，有效地确定模糊测度是非常复杂的。因此，提出了λ模糊测度来处理这一复杂问题时无须专家提供意见③。λ模糊测度由于其解释简单、计算方便，受到广泛的欢迎。

因此，本章的目标是找出中国大连市风电场的最佳特殊位置。研究区域的所有数据均采用栅格地理信息系统，具有栅格形式和 victor 属性。victor 电网单元将作为基础风电场替代单元。将λ模糊测度用于加权交互因素及其联合。Marichal 熵和 Shapley 值将用于确定λ模糊测度。采用 Choquet 模糊积分法确定研究区内风电场的最优选址。研究结果可为潜在角色规划者制订有效的风电场建设规划，为提高当地能源可持续性提供参考。

第二节 模糊测度方法

在寻找风电场最优选址的背景下，不同指标之间将存在冲突。为了处理各指标之间的复杂冲突，采用λ模糊测度对指标进行加权，并采用 Choquet 模糊积分法将指标值与权重相结合。针对风电场选址问题，提出了 GIS 网格、Marichal 熵和 Shapley 值的混合计算方法。然后确定最佳风电场特殊位置。

---

① Greco, S.; Rindone, F. Bipolar fuzzy integrals. Fuzzy sets and systems 2013, 220 (1): 21-33.

② Jang, L. C. A note on the interval-valued generalized fuzzy integral by means of an interval-representable pseudo-multiplication and their convergence properties. Fuzzy sets and systems 2013, 222 (1): 45-57.

③ Liu, X.; Ma, L.; Mathew, J. Machinery Fault Diagnosis Based On Fuzzy Measure and Fuzzy Integral Data Fusion Techniques. Mechanical systems and signal processing 2009, 23 (3): 690-700.

一、模糊测度的概念

Sugeno 首先提出了 λ 模糊测度的概念[①]。它是一种指标集的建模，可以表示一个或多个指标的重要性，描述多个指标之间的关系。设 $A = \{a_1, a_2, \cdots, a_m\}$ 是一个状态空间，$X = \{x_1, x_2, \cdots, x_n\}$ 是求值状态的空间。大连的风电场替代区介绍为 $x_1, x_2, \cdots, x_n \in X$。选项 $n(a_1, a_2, \cdots, a_n \in A)$ 将影响状态 m，这定义了 m 因素/指标。对于一个给定的风电场区域 $x_j \in X$，每个指标 $a_i \in A$ 评估值表示为 a_i (x_j)。

非负数用于连接状态空间 $a_i(i = 1, 2, \cdots, m)$，并将其与计算风电场选址优化过程中各指标的权重结合。采用 λ 模糊测度法计算指标 a_i 的显著性，用模糊测度法计算指标。

$P(a)$ 表示 A 的幂集，并且 g: $P(A) \to IR$，表示集 A 上 λ 模糊测度的集合函数，满足以下条件：

（1）$g_\lambda(\phi) = 0$，$g_\lambda(A) = 1$；

（2）如果 $R \subseteq S$，然后 $g(R) \leqslant g(S)$，对于任何 R，$S \in P(A)$；

（3）$g_\lambda(E \cup F) = g_\lambda(E) + g_\lambda(F) + \lambda g_\lambda(E) g(F)$ where $-1 < \lambda < \infty$ for E，$F \in P(A)$ 和 $E \cap F = \phi$。

$g_\lambda(S)$ 表示该集合指标的重要性或权重 $S \in P(A)$，或 S 在不考虑剩余指标的情况下确定风电场最优位置的能力；g 是 g_λ 模糊度。如果设置 $A = \{a_1, a_2, \cdots, a_m\}$ 是有限的，映射 $a_i \to g_i(a_i), i = 1, 2, \cdots, m$ 为模糊密度函数，可表示为：

$$g(A) = \frac{1}{\lambda}\left[\prod_{a_i \in A}(1 + \lambda g_i) - 1\right] \tag{4-1}$$

二、Choquet 模糊积分法

Choquet 模糊积分法是指标之间存在交互作用时最常用的一种聚合

① Sugeno, M. Theory of fuzzy integral and its applications [Ph. D. dissertation]. 1974, Tokyo, Department of Comp Intell & SystSci, Tokyo Institute of Technology.

算子。考虑给定的风电场方案 x_j，各指标的相关等级为一个数值，表示为 $a_1(x_1), a_2(x_2), \cdots, a_m(x_j)$。对于风电场选择问题，$A$ 为指标集，对应 λ 模糊测度 μ。I 为不同风电场选址优化方案，$a_1(x_1), a_2(x_2), \cdots, a_m(x_j)$ 为评价指标。假设 $a_1(x_1) \leqslant a_2(x_2) \leqslant \cdots \leqslant a_m(x_j)$，则定义 μ 在 X 上的 Choquet 模糊积分为①：

$$\int x_j d\mu = \sum_{i=1}^{m} [a_i(x_j) - a_{i-1}(x_j)] u(A_i) \tag{4-2}$$

矢量的转移 $x_j(a_i)$ 是 i，以及 $A_i = \{a_i, \cdots, a_m\}, a_0(x_j) = 0, \mu(A_0) = 0$。

三、模糊测度的确定

在应用 Choquet 积分法得到风电场的最优方案之前，需要计算各指标的 λ 模糊测度。采用 Shapley 值来保证各指标权重的客观计算。指标 $a_i(a_i \in A)$ 在风电场发挥替代作用的过程中，不能仅仅用 $g_\lambda(a_i)$ 来描述，还可以确定所有指标的权重 $S\{S | a_i \in S, S \in P(A)\}$ 一定是检查过的。Grabisch 基于一般有限离散集的模糊测度定义了 Shapley 值②。如果 g_λ 是 λ 模糊测度 $P(A)$，对于任何 $a_i \in A$，则 Shapley 值可定义为：

$$I(a_i) = \sum_{k=0}^{m-1} \frac{(m-k-1)!k!}{m!} \times \sum_{Q \subseteq A \setminus a_i, |Q| = k} [g_\lambda(Q \cup a_i) - g_\lambda(Q)] \tag{4-3}$$

其中，$I(a_i)$ 是指标 a_i 的贡献值在风力发电厂的替代方案中，$\sum_{i=1}^{m} I(a_i) = 1$。如果集合 A 中的所有指标都是相互独立的，那么 $g_\lambda(a_i) = I(a_i)$。$a_i(a_i \in A)$ 的贡献可以通过以下公式计算：

$$w_j = \frac{1 - E(a_j)}{m - \sum_{i=1}^{m} E(a_j)}, j = 1, 2, \cdots, m \tag{4-4}$$

① Hu, Y. C. Fuzzy integral - based perceptron for two - class pattern classification problems. Information Sciences 2007, 177 (7): 1673 - 1686.

② Grabidch, M. k - order addtive discrete fuzzy measures and their representation. Fuzzy Sets and Systems 1997, 92 (2): 167 - 189.

其中，$0 \leqslant w_j \leqslant 1$ 以及 $\sum_{j=1}^{m} w_j = 1$ 。

本研究采用 Marichal 熵来计算指标的模糊测度。Marichal 定义了 Marichal 熵，并证明了它与 Shannon 熵相似[①]。由 Marichal 熵得到的模糊测度满足边界条件，最大性、决定性、可扩充性、对称性和严格单调递增性是有效熵测度的典型性质。当风电场指标的 Shapley 值已知时，λ 模糊测度可由式（4-5）计算得到。

$$\underset{\lambda, g_\lambda}{Max} H_M(g_\lambda) = \sum_{i=1}^{n} \sum_{S \subseteq X \setminus a_i} \gamma_s(n) h[g_\lambda(S \cup a_i) - g_\lambda(S)] \qquad (4-5a)$$

$$\begin{cases} I(a_i) = \sum_{k=0}^{n-1} \frac{(n-k-1)!k!}{n!} \sum_{Q \subseteq X \setminus a_i |Q| = k} [g_\lambda(Q \cup a_i) - g_\lambda(Q)] \\ g_\lambda(A) = 1 \\ g_\lambda(E \cup F) = g_\lambda(E) + g_\lambda(F) + \lambda g_\lambda(E) g(F) \\ g_\lambda(S) \in (0,1), \forall S \in P(A) \\ \lambda \in (-1, \infty) \end{cases} \qquad (4-5b)$$

$$\mathrm{A}sh(x) = \begin{cases} -x\ln x \ if\ x > 0, \\ 0 \qquad if\ x = 0 \end{cases}, \gamma_s[M] = \frac{(m - |S| - 1)!\,|S|!}{m!}$$

|S| 为指数 S 的潜力。

通过计算式（4-5）的模型，得到 λ 值和 λ 模糊测度。将 $g_\lambda(a_i)$ 和 λ 代入式（4-1），可以解决风电场各指标的 λ 模糊测度问题。

第三节　研究区域

该研究是在中国辽宁省东北部的大连市进行的。总面积为 13237 平方公里，595.2 万居民（按 2018 年人口普查）。地势以山丘为主，海拔从 0 米到 476 米。研究区位于半岛上，突出于海中（见图 4-1）。大连

---

① Marichal, J. L. Entropy of discrete Choquet capacities. European Journal of Operational Research 2002, 137 (3): 612-624.

市处于渤海到蒙古高原的过渡地带，受海洋湿润空气和北方冷空气的影响[①]，具有丰富的风能资源。根据大连能源发展“十三五”规划，到2020年，该市风能装机容量将达到190万千瓦。

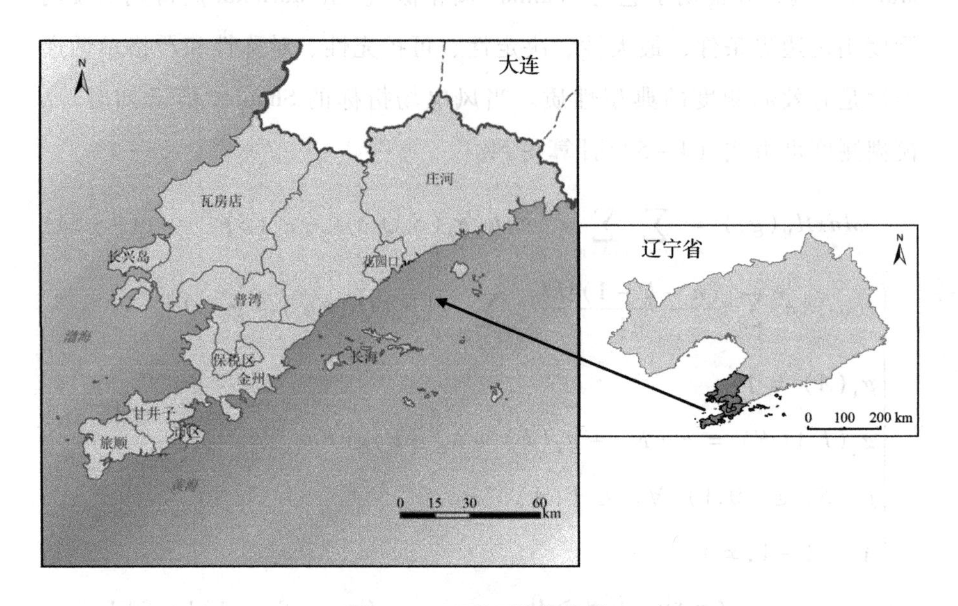

图4-1 研究区域的位置

研究区域的重要性在于，风能的潜力非常大，有潜在的适合发展风电场的替代能源。作为中国著名的港口城市和工业城市，大连拥有造船、石化、装备制造和高新技术产业等众多基础设施。因此，这个地区的电力需求是非常大的。大连是东北亚重要的候鸟栖息地。候鸟途经大连的路线可分为东、中、西三种[②]。据统计，每年约有1000万只候鸟在

① Yu, X.; Qu, H. Wind power in China – opportunity goes with challenge. Renewable and Sustainable Energy Reviews 2010, 14 (8): 2232 – 2237.

② Zhao, B.; Wang, N.; Fu, Q.; Yan, H. K. Searching a site for a civil airport based on ecological conservation: An expert – based selection (Dalian, China). Global Ecology and Conservation 2019, DOI: 10.1016/j.gecco.2019.e00729.

此觅食、休养和补充体力①。因此，各种自然条件和社会经济条件都会造成风能开发与环境保护之间的冲突。如何充分利用大量的风能资源，对风能进行更有效的管理，是摆在地方政府面前的一大挑战。

第四节 风电场选址的框架优化模型

为了解决风电场选址特殊优化问题，需要建立确定风电场备选方案的指标体系。中国政府提供了一些为风电场选址所需要的指标。这些指数被分类为自然因素，如排版、地形和地质条件。社会经济因素也应被考虑在风电场的选择过程中。因此，需要考虑的指标体系可归纳为地形、气象、传输设施、生物通道、基础设施见表 4-1。本研究收集了大连市 2010 年 1 月 1 日至 2018 年 12 月 31 日的日平均风速数据。研究

表 4-1 风电场最优选址的指标体系

<table>
<tr><th>第一级指标</th><th>第二级指标</th><th>第三级指标</th></tr>
<tr><td rowspan="3">自然因素</td><td rowspan="2">地形</td><td>高度</td></tr>
<tr><td>坡</td></tr>
<tr><td>气象</td><td>累计风速</td></tr>
<tr><td rowspan="7">社会经济因素</td><td rowspan="2">传输设施</td><td>距离道路</td></tr>
<tr><td>输电线路</td></tr>
<tr><td rowspan="2">生物通道</td><td>鸟的方式</td></tr>
<tr><td>鸟类保护区</td></tr>
<tr><td rowspan="3">基础设施</td><td>建筑面积</td></tr>
<tr><td>电厂</td></tr>
<tr><td>化学工厂</td></tr>
</table>

① Fu, Q.; Wang, N.; Shen, M. Q.; Song, N. Q.; Yan, H. K. A study of the site selection of a civil airport based on the risk of bird strikes: The case of Dalian, China. Journal of Air Transport Management 2016, 54: 17-30.

的特殊数据也从当地政府收集，如海拔、坡度、输电线路、主要道路、鸟的方式、鸟类保护区、基础设施等。

自然因素是空间数据，以往的研究多以行政区域为研究尺度。本研究以大连市为研究对象，基于网格地理信息系统（Grid GIS）将大连市划分为1844个小victor网格。然后将网格与GIS融合，它既具有栅格形式，又具有victor属性。自然因素和社会经济因素被专门化为网格单元，并以胜利者网格单元作为基础风电场替代单元。网格的分辨率是2000米。

对于排版数据层，使用数字高程模型（Digital Elevation Model, DEM）以百分比创建该区域的坡度层，DEM的原始分辨率为30米。随着空气密度的降低，风能随着海拔的降低而减少，因此，DEM也被用于根据海拔确定风电场的合适位置。对于气象数据，采用克里格插值法生成分辨率为2000米的层图。对于传输设施、生物通道和基础设施，本研究分别建立了500米的缓冲区。最后，将所有指标细化到每个网格中，作为基础风电场替代单元。

由于每个备选农场备选方案的指标值都用不同的度量单位表示，因此采用标准化过程使指标变得相称。风电场方案优化的详细过程可概括为以下步骤。

步骤1：在研究区域建立网格细胞。

步骤2：建立研究区风电场选址优化体系的指标体系。

步骤3：计算每个网格单元的各项指标，将网格单元作为风电场的备选项。

步骤4：标准化指标值。

步骤5：根据式（4-3）、式（4-4）计算指标的重要性。

步骤6：根据模型（4-5）确定指标的λ模糊测度。

步骤7：基于Choquet积分对风电场潜在位置进行估值，确定风电场位置的最优电网。

第五节 结论与展望

一、确定 Shapley 值和模糊测度

所有的指标值按最小指标值和最大指标值从 0 到 1 计算。风电场最优选址指标体系根据各指标的特点可分为正反两类。气象、传播设施为正指数，排版、生物通道、基础设施为负指数。根据公式（4-4）得到各指标的熵权。然后，根据各指标的熵权得到各指标的 Shapley 值。优化系统包含三个层次，表 4-2 给出了第二层指标的 Shapley。

表 4-2 一级和二级指标的 Shapley 值

一级指标	Shapley 值	二级指标	Shapley 值
自然因素	0.8	地形	0.125
		气象	0.875
社会经济因素	0.2	传输设施	0.264
		生物通道	0.055
		基础设施	0.681

各指标及其组合 λ 模糊测度 g_{λ} 可用各指标的 Shapley 值由式（4-5）计算得到。第三级指标 λ 值和 λ 模糊测度的结果见表 4-3。结果表明，所有的 λ 值都是正的，这意味着除了到公路和输电线路的距离外，指标之间存在互补关系。利用第三层次指标的 λ 模糊测度和 λ 值，Choquet 模糊积分法可以作为一个区域群，还可以计算出一级指标和二级指标的 λ 模糊测度和 λ 值。

表 4－3　　第三层次指标的 λ 值与 λ 模糊测度

<table>
<tr><th>一级指标</th><th>二级指标</th><th>三级指标</th><th>λ 模糊测度</th><th>λ 值</th></tr>
<tr><td rowspan="3">自然因素</td><td rowspan="2">地形</td><td>高度</td><td>0.491</td><td rowspan="3">0.075</td></tr>
<tr><td>坡</td><td>0.491</td></tr>
<tr><td>气象</td><td>累计风速</td><td>0.870</td></tr>
<tr><td rowspan="7">社会经济因素</td><td rowspan="2">传输设施</td><td>距离道路</td><td>0.167</td><td rowspan="2">0.000</td></tr>
<tr><td>输电线路</td><td>0.833</td></tr>
<tr><td rowspan="2">生物通道</td><td>鸟的方式</td><td>0.491</td><td rowspan="2">0.075</td></tr>
<tr><td>鸟类保护区</td><td>0.491</td></tr>
<tr><td rowspan="3">基础设施</td><td>建筑面积</td><td>1.000</td><td rowspan="3">0.344</td></tr>
<tr><td>电厂</td><td>0.133</td></tr>
<tr><td>化学工厂</td><td>0.047</td></tr>
</table>

二、基于 Shapley 值的风电场选址

根据表 4－3 所示的 Shapley 值，所有指标的综合值可用于每个网格单元，作为替代风电场单元的基础。结果排序采用自然破碎法。图 4－2 显示了研究区域不同的风电场备选方案的土地适宜性水平。结果分为非常适宜、适宜、一般、不适宜和非常不适宜五类。非常适宜区域主要集中在大连市中心城区，非常不适宜区域和不适宜区域主要集中在市区。一般适宜和适宜区主要集中在大连市中部。

基于 Shapley 值的风电场选址原因为气象指数的 Shapley 值为 0.875，自然因子的 Shapley 值为 0.8；基础设施指数 Shapley 值为 0.681，社会经济因素 Shapley 值为 0.8。因此，在整个基于 Shapley 值的优化过程中，气象是第一个重要的指标。风电场位置的最优网格单元为累积风速值较大的区域，该计算过程忽略了社会经济因素。大连市 2010—2018 年平均累计风速如图 4－3 所示。累积风速高的地方位于市中心附近，这与非常合适的区域是一致的。累积风速较低的地区位于研究区北部，与不适宜区相一致。

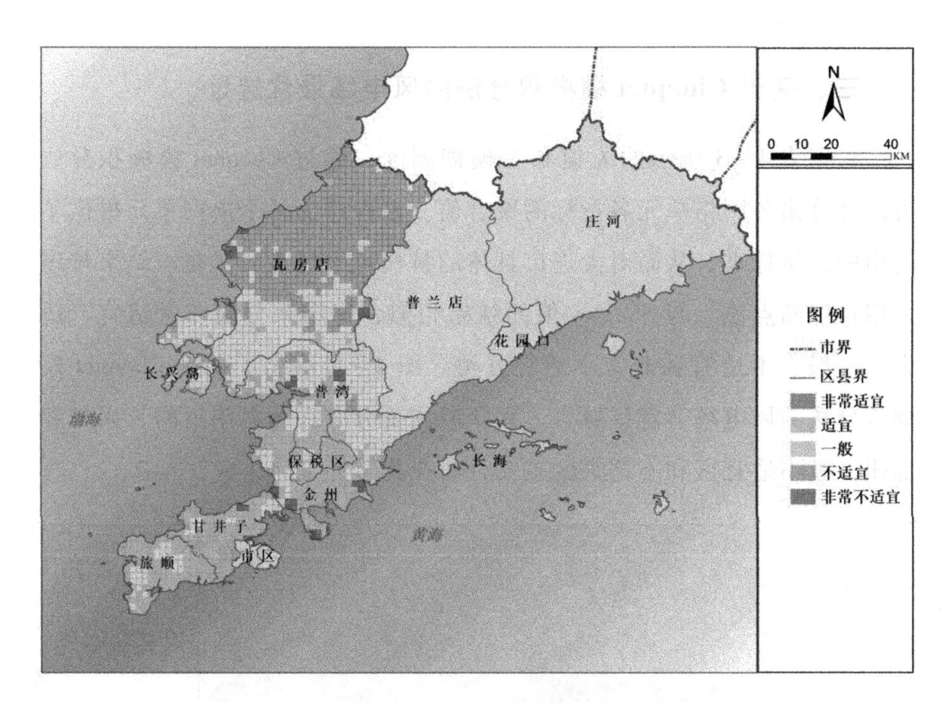

图 4－2 基于 Shapley 值的风电场适宜性区域

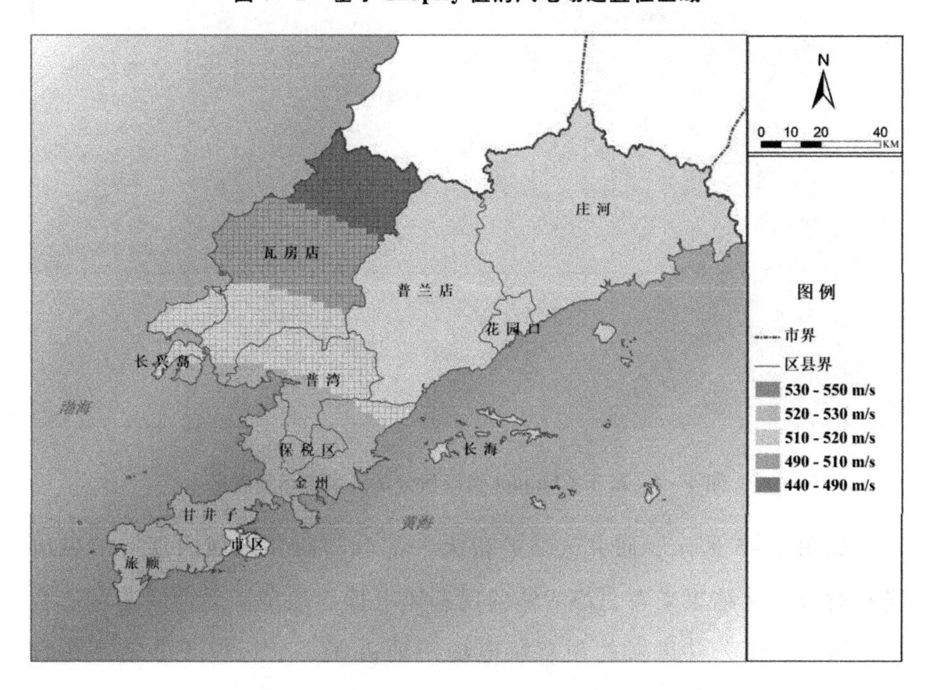

图 4－3 2010—2018 年大连市平均累计风速

三、基于 Choquet 模糊积分法的风电场最优选址

根据表 4－3 所示的 λ 值和 λ 模糊测度，通过 Choquet 模糊积分法可以计算出各网格单元各指标的聚合值。该程序为每个电网单元提供了通用的测量标准，从而对大连市具体的替代风电场进行优化。结果排序采用自然断点法。与 Shapley 值的结果相似，将结果分为非常适宜、适宜、一般、不适宜和非常不适宜五类。图 4－4 给出了基于 Choquet 模糊积分法的风电场适宜区域。适宜区域主要分布在黄海附近的长兴岛和锦州。极不适宜区和不适宜区主要分布在瓦房店北部。

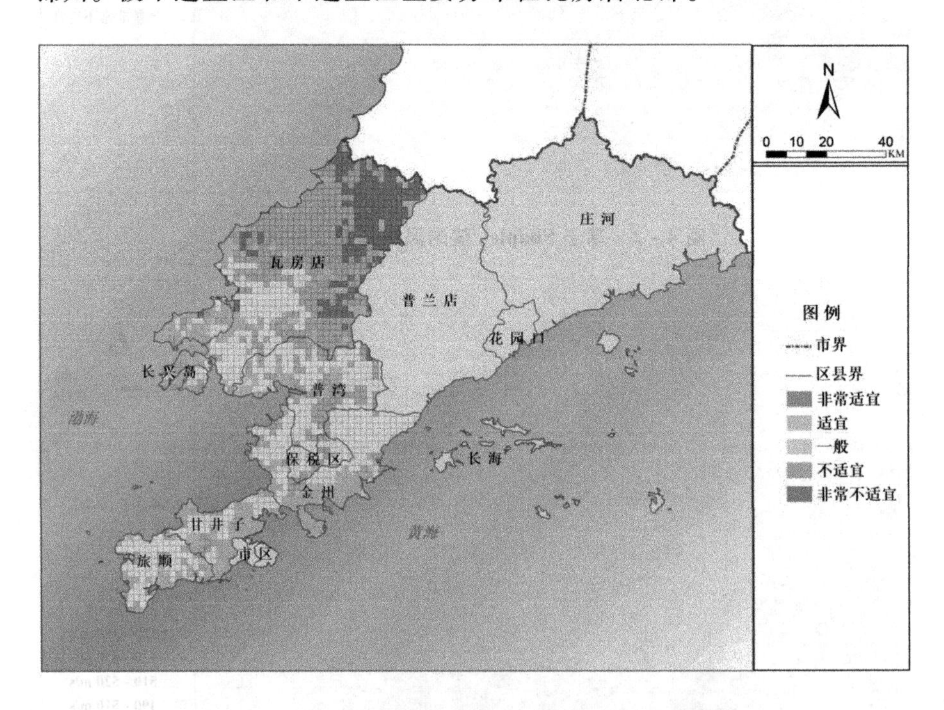

图 4－4 基于 Choquet 模糊积分法的风电场适宜区

如图 4－5 所示，研究区域的很大一部分与研究区域内现有的风电场相对应。从结果来看，23.9% 的现有风电场土地位于适合或非常适合的地区。位于公共区域的现有风电场用地占 57.7%，位于非常不适宜区域的现有风电场用地仅占 1.2%，证明了 Choquet 模糊积分法计算结

果的准确性。

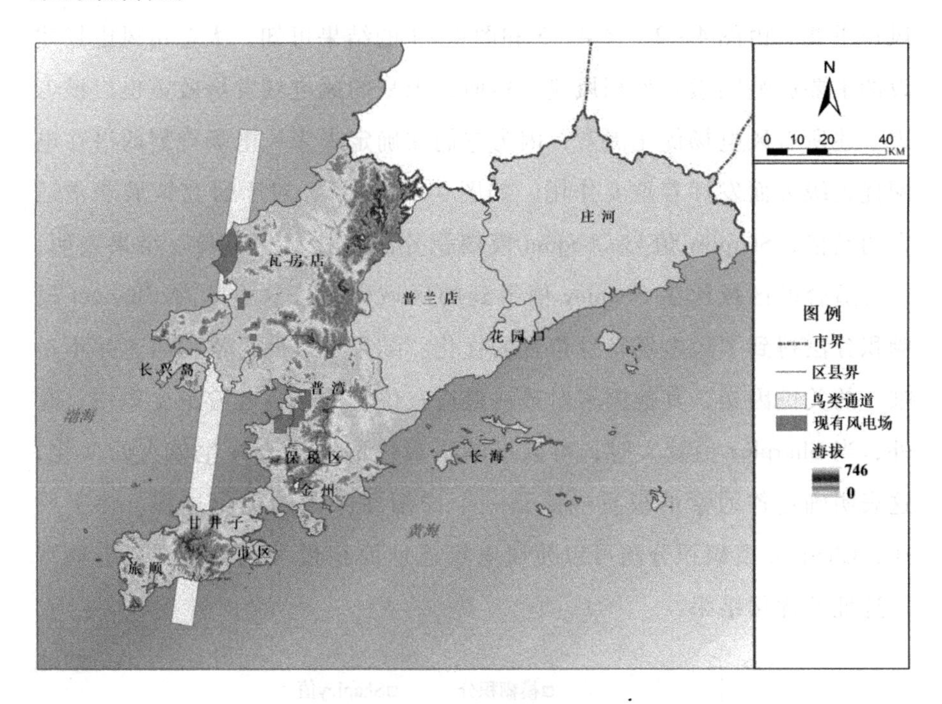

图 4－5 研究区内现有风电场

大连市获得建设许可的风电场项目远远低于该地区的风能容量。研究区实际生产能力平均仅为23.2%，对应面积约179.2平方公里。这意味着大约592.6平方公里可用于风电场开发。因此，风电场选址的最优选择是非常重要的，特别是在市中心地区，该区域的很大一部分更适合建设风电场。

然而，研究区现有风电场并没有全部满足关键指标体系。瓦房店现有风电场位于鸟类通道内，不适合新建风电场。根据 Choquet 模糊积分法，有相当多的潜在栅格可用于建设风电场。研究区东南边界为最适宜的网格，各指标满意度较高，原因是市区周边的传输设施和基础设施非常优秀，这表明所选的社会经济因素更难满足，特别是对于北部的山区。这可能是由于图 4－6 所示的风电场空间格局优化结果强烈响应了风能的潜在冲击。

此外，其他因素，如排版和生物通道的影响也很明显，但没有累积风速重要。由图4-2、图4-3和图4-4的结果可知，大连市风电场建设的主要影响因素是累积风速。然而，未来的风电场发展政策也应该考虑上述所有风电场优化因素，因为它们在确定未来风电场规划的潜在电网优先级方面发挥着重要作用。如图4-6所示，对于研究区域非常适合的网格，Shapley值与Choquet模糊积分法存在显著差异。结果表明，非常适合的区域比由Shapley值得到的区域更大，这意味着Choquet模糊积分法得到了风电场特殊位置的优化。结果还表明，累积风速并不是唯一的关键因素，其他因素对最终最适宜位置的选择起着重要作用。此外，当Sharpley值较大时，可以推断出最终的结果会发生较大的变化，这表明确定各因素的权重应该是一个详细而深入的优化过程。综上所述，Choquet模糊积分法可以使风电场选址面积最大化，得到风电场特殊选址的优化结果。

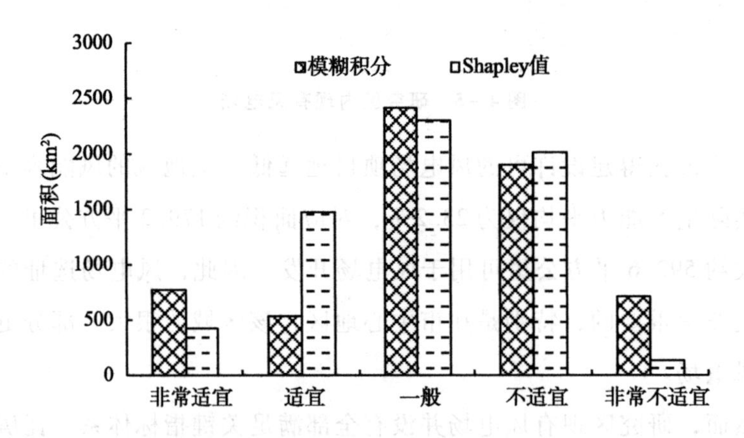

图4-6 将Choquet模糊积分法与Sharpley值法进行风电场面积选择的比较

中国的能源生产正在给环境、社会和经济带来越来越大的压力。风电场选址问题可以看作复杂条件下的决策问题，其中，包括各种指标，以及指标之间的各种交互作用。本章研究了基于多相互依赖指标的风电场选址特殊优化问题的设计与应用框架，针对大连市风电场特殊选址问题，提出了基于网格gis的λ模糊测度和Choquet模糊积分法；采用

Shapley 值计算指标的显著性。此外，该系统在选择新风电场优化选址时，能够很好地处理多个且常常相互冲突的规划目标。传统的专家意见往往不可避免地要受到人类偏好的影响，所以难以得到本研究的证明。优化过程在 victor 网格上执行，遵循整个指标的可获取地图层。利用基于 Grid GIS 的 Choquet 模糊积分法得到最终的优化图。

研究结果确定了风电场的最优位置以及现有世界风电场项目的适用性。最适宜的网格分布在研究区东南边界；不适宜区和极不适宜区主要分布在瓦房店北部。根据上述结果，现有风电场的选址是可接受的。研究区面积约为 179.2 平方公里，仅占实际库容的 23.2%。大连市现有风电场的容量不足，约 592.6 平方公里仍可用于风电场开发。研究结果可用于规划人员制订有效的风电场建设规划，提高当地能源的可持续性。

结果表明，基于网格 gis 的 λ 模糊测度和 Choquet 模糊积分法能够有效地处理特殊的优化问题，反映风电场选址的最优情况。然而，未来的研究仍有许多工作要做。应考虑一些特殊的日期，如土地利用、地质条件和考古遗址，并应考虑政府的长期能源计划。该研究还涉及多种指标及其相互作用，是一个未来的潜在研究课题，也是一个值得研究的有趣课题。

参考文献

[1] Angstrom A. Solar and terrestrial radiation [J]. Quarterly Journal of Royal Meteorological Society, 1924, 50 (1): 121 -125.

[2] Prescott J. A. Evaporation from a water surface in relation to solar radiation [J]. Transactions of the Royal Society of South Australia, 1940 (64): 114 -118.

[3] Ogelman H, Ecevit A, Tasdemiroglu E. A new method for estimating solar radiation from bright sunshine data [J]. SolarEnergy, 1984, 33: 619 -625.

[4] Bahel V, Bakhsh H, Srinivasan R. A correlation for estimation of global solar radiation [J]. Energy, 1987, 12: 131 -135.

[5] 左大康，王懿贤，陈建绥．中国地区太阳总辐射的空间分布特征 [J]. 气象学报，1963 (01): 78 -96.

[6] 翁笃鸣．试论总辐射的气候学计算方法 [J]. 气象学报，1964 (03): 304 -315.

[7] 王炳忠，张富国，李立贤．我国的太阳能资源及其计算 [J]. 太阳能学报，1980 (01): 1 -9.

[8] 祝昌汉．再论总辐射的气候学计算方法（一）[J]. 南京气象学院学报，1982 (01): 15 -24.

[9] 祝昌汉．再论总辐射的气候学计算方法（二）[J]. 南京气象学院学报，1982 (02): 196 -206.

[10] 和清华，谢云．我国太阳总辐射气候学计算方法研究 [J]. 自然资源学报，2010，25 (02)：308-319.

[11] Kimball，Herbert H. Solar and Sky Radiation Measurements during June，1928 [J]. Monthly Weather Review，1928，56 (4)：230-231.

[12] 王举，姚华栋，蒋国荣，何金海，阎俊岳，郑静，陈奕德．南海北部海区太阳辐射观测分析与计算方法研究 [J]. 海洋与湖沼，2005 (05)：385-393.

[13] 戴淑君，罗激葱，李慧赟，成晓奕．利用云量估算南京地区日总辐射方法的研究 [J]. 资源科学，2013，35 (06)：1285-1291.

[14] 赵书强，王明雨，胡永强，刘晨亮．考虑云量和气溶胶不确定性的太阳辐射值预测 [J]. 电工电能新技术，2015，34 (05)：41-46+75.

[15] 李盼，吴江，管晓宏，郑晗旭，焦春亭，王岱．分析光伏电站输出特性的云遮挡太阳辐射模型 [J]. 西安交通大学学报，2013，47 (08)：61-67.

[16] Hargreaves G H，Samani Z A. Estimating potential evapotranspiration [J]. Journal of Irrigation and Drainage Engineering，1982，108 (3)：225-230.

[17] Bristow K L，Campbell G S. On the relationship between incoming solar radiation and daily maximum and minimum temperature [J]. Agricultural and Forest Meteorology，1987，31 (2)：159-166.

[18] 刘玉洁，潘韬．中国地表太阳辐射资源空间化模拟 [J]. 自然资源学报，2012，27 (08)：1392-1403.

[19] 杨金明，范文义．中国东北地区日总太阳辐射估算研究 [J]. 安徽农业科学，2013，41 (34)：13335-13339.

[20] Swartman P. K，Ogunlade O. Solar radiation estimates from common parameters [J]. Solar Energy，1967，11：170-172.

[21] Maghrabi A, Almalki M H. A Multilinear Model for Estimating the Monthly Global Solar Radiation in Qassim, Saudi Arabia [C]. ISES Solar World Congress 2015, 2016.

[22] Ertekin, Yaldiz, Can, Osman. Estimation of monthly average daily global radiation on horizontal surface for Antalya (Turkey) [J]. Renewable Energy, 1999, 17: 95 -102.

[23] 曹雯，申双和．我国太阳日总辐射计算方法的研究 [J]. 南京气象学院学报，2008 (04): 587 -591.

[24] 任赛赛，陈渭民，文明章．福州地区太阳辐射特征及日总辐射计算模型 [J]. 安徽农业科学，2010，38 (01): 234 -236 +240.

[25] Dedieu G, Deschamps P Y, Kerr Y H. Satellite Estimation of Solar Irradiance at the Surface of the Earth and of Surface Albedo Using a Physical Model Applied to Metcosat Data [J]. J. clim Appl. meteor, 1987, 26 (1): 79 -87.

[26] Pinker R. T, Ewing J. A. Modeling surface solar radiation: model formulation and validation [J]. J. clim Appl. meteor, 1985, 24 (5): 389 -401.

[27] Sehmetz, T. Towards a surface radiation climatology: Retrieval of downward irradiation from satellites [J]. Atmos. Res, 1989, 23: 287 -321.

[28] 翁笃鸣，高庆先，刘艳．应用 ISCCP 云资料反演青藏高原地面总辐射场 [J]. 南京气象学院学报，1997 (01): 41 -46.

[29] 刘文，刘洪鹏，王延平．GMS 卫星资料估算地表旬太阳辐射 [J]. 气象，2002 (06): 35 -38.

[30] 张春桂，张加春，彭继达．福建有云覆盖下地表太阳辐射的卫星遥感监测 [J]. 中国农业气象，2014，35 (01): 109 -115.

[31] 张春桂，文明章．利用卫星资料估算福建晴空太阳辐射 [J]. 自然资源学报，2014，29 (09): 1496 -1507.

[32] McCulloch Warren S, Pitts Walter. A logical calculus of the ideas immanent in nervous activity [J]. The bulletin of mathematical biophysics, 1943, 5 (4): 115 - 133.

[33] Hebb D O. The organization of behavior: a neuropsychological theory [M]. New Jersey: Lawrence Erlbaum Associates, 1949.

[34] Rosenblatt F. The perceptron: probabilistic model for information storage and organization in the brain [J]. Psychological Review, 1958, 65 (6): 386 - 408.

[35] Bosch J. L., López G., Batlles F. J. Daily solar irradiation estimation over a mountainous area using artificial neural networks [J]. Renewable Energy, 2008, 33 (7): 1622 - 1628.

[36] Tymvios F. S., Jacovides C. P., Michaelides S. C., Scouteli C. Comparative study of Ångström's and artificial neural networks' methodologies in estimating global solar radiation [J]. Solar Energy, 2005, 78 (6): 752 - 762.

[37] Mubiru J., Banda E. J. K. B. Estimation of monthly average daily global solar irradiation using artificial neural networks [J]. Solar Energy, 2008, 82 (2): 181 - 187.

[38] 李净，王丹，冯姣姣．基于 MODIS 遥感产品和神经网络模拟太阳辐射 [J]. 地理科学，2017，37 (06)：912 - 919.

[39] 冯姣姣，王维真，李净，刘雯雯．基于 BP 神经网络的华东地区太阳辐射模拟及时空变化分析 [J]. 遥感技术与应用，2018，33 (05)：881 - 889 + 955.

[40] Armstrong M A. Comparison of MM5 forecast shortwave radiation with data obtained from the atmospheric radiation measurement program [D]. Maryland: University of Maryland, 2000.

[41] Gueymard C. A, Ruiz - Arias J A. Validation of direct normal

irradiance predictions under arid conditions: A review of radiative models and their turbidity - dependent performance [J]. Renewable and Sustainable Energy Reviews, 2015, 45: 379 - 396.

[42] Jimenez P A, Haker J P, Dudhia J, Haupt S E. WRF - Solar: Description and clear - sky assessment of an augmented NWP model for solar power prediction [J]. Bulletin of the American Meteorological Society, 2016, 97 (7): 1249 - 1264.

[43] Gamarro H, Gonzalez J E, Ortiz L E. On the assessment of a numerical weather prediction model for solar photovoltaic power forecasts in cities [J]. J Energy Resour. Technol, 2019, 141 (6): 061203.

[44] 白永清, 陈正洪, 王明欢, 成驰. 基于 WRF 模式输出统计的逐时太阳总辐射预报初探 [J]. 大气科学学报, 2011, 34 (03): 363 - 369.

[45] 贺芳芳, 李震坤. 基于 WRF 模式模拟上海地区月太阳总辐射的研究 [J]. 可再生能源, 2015, 33 (03): 340 - 345.

[46] 何晓凤, 周荣卫, 申彦波, 石磊. 基于 WRF 模式的太阳辐射预报初步试验研究 [J]. 高原气象, 2015, 34 (02): 463 - 469.

[47] 程兴宏, 刘瑞霞, 申彦波, 朱蓉, 彭继达, 杨振斌, 徐洪雄. 基于卫星资料同化和 LAPS - WRF 模式系统的云天太阳辐射数值模拟改进方法 [J]. 大气科学, 2014, 38 (03): 577 - 589.

[48] 黄鹤, 王佳, 刘爱霞, 刘寿东, 冯帅. TJ - WRF 逐时地面太阳辐射的预报订正 [J]. 高原气象, 2015, 34 (05): 1445 - 1451.

[49] 吴焕波, 石岚. 基于 WRF - SOLRA 数值模式的太阳总辐射预报性能分析 [J]. 内蒙古大学学报 (自然科学版), 2019, 50 (02): 154 - 161.

[50] 蔺娜. 高分辨率风能和太阳能数值模拟研究 [D]. 东北大学, 2008.

[51] Power H. C., Mills D. M. Solar radiation climate change over southern Africa and an assessment of the radiative impact of volcanic eruptions [J]. Internation Journal of Climatology, 2005, 25 (3): 295 - 318.

[52] Zell E, Gasim S, Wilcox S, et al. Assessment of solar radiation resources in Saudi Arabia [J]. Solar Energy, 2015, 119: 422 - 438.

[53] Kiseleva S V, Kolomiets Y G, Popel'O S. Assessment of solar energy resources in Central Asia [J]. Applied Solar Energy, 2015, 51 (3): 214 - 218.

[54] 周扬，吴文祥，胡莹，刘光旭．西北地区太阳能资源空间分布特征及资源潜力评估 [J]. 自然资源学报，2010，25 (10)：1738 - 1749.

[55] 胡琦，潘学标，李秋月，邵长秀．气候变化背景下东北地区太阳能资源多时间尺度空间分布与变化特征 [J]. 太阳能学报，2016，37 (10)：2647 - 2652.

[56] 梁玉莲，申彦波，白龙，郭鹏，常蕊．华南地区太阳能资源评估与开发潜力 [J]. 应用气象学报，2017，28 (04)：481 - 492.

[57] 刘淳，任立清，李学军，贾冰，鱼腾飞，张成琦，肖建华，赵春彦，朱猛.1990—2019 年中国北方沙区太阳能资源评估 [J]. 高原气象，2021，40 (05)：1213 - 1223.

[58] 曾燕，王珂清，谢志清，苗茜．江苏省太阳能资源评估 [J]. 大气科学学报，2012，35 (06)：658 - 663.

[59] 袁淑杰，李晓虹，张益炜，李德江，张文宗．河北省水平面太阳总辐射时空分布及太阳能资源评估研究 [J]. 东北农业大学学报，2013，44 (11)：50 - 55.

[60] 钟燕川，马振峰，徐金霞，郭海燕．基于地形分布式模拟的四川省太阳能资源评估 [J]. 西南大学学报 (自然科学版)，2018，40 (07)：115 - 121.

[61] 龚强，徐红，蔺娜，朱玲，顾正强，晁华，汪宏宇，尚敏帅. 辽宁省太阳能资源评估及 NASA 数据适用性分析 [J]. 中国电力，2018，51（02）：105 - 111.

[62] 胡亚男，李兴华，郝玉珠. 内蒙古太阳能资源时空分布特征与评估研究 [J]. 干旱区资源与环境，2019，33（12）：132 - 138.

[63] 张洪卫. 东营市太阳能资源评估 [D]. 兰州大学，2014.

[64] 王志春，张新龙，苑俐，吴亚娟，史玉严. 内蒙古赤峰市太阳能资源评估与开发潜力分析 [J]. 沙漠与绿洲气象，2021，15（02）：106 - 111.

[65] 杜军剑，李刚，张仕明. 和静县太阳总辐射计算及太阳能资源评估 [J]. 沙漠与绿洲气象，2013，7（04）：45 - 50.

[66] Clifton, J., Boruff, B. J. Assessing the potential for concentrated solar power development in rural Australia. Energy Policy, 2010, 38 (9): 5272 - 5280.

[67] Yushchenko, A., Bono, A., Chatenoux, B., Patel, M. K., Ray, N. GIS - based assessment of photovoltaic (PV) and concentrated solar power (CSP) generation potential in West Africa. Renewable & Sustainable Energy Reviews, 2018, 81 (2): 2088 - 2103.

[68] 郭鹏，申彦波，陈峰，等. 光伏发电潜力分析：以山西省为例 [J]. 气象科技进展，2019，9（2）：78 - 83.

[69] 毛爱涵，李发祥，杨思源，黄婷，郝蕊芳，李思函，于德永. 青海省清洁能源发电潜力及价值分析 [J]. 资源科学，2021，43（01）：104 - 121.

[70] Vardimon R. Assessment of the potential for distributed photovoltaic electricity production in Israel [J]. Renewable Energy, 2011 (36): 591 - 594.

[71] Maria L G, Giovanni L, Gianfranco R, et al. A model for pre-

dicting the potential diffusion of solar energy systems in complex urban environments [J]. Energy Policy, 2011, 39 (9): 5335 - 5343.

[72] 刘光旭，吴文祥，张绪教，周杨．屋顶可用太阳能资源评估研究——以2000年江苏省数据为例 [J]. 长江流域资源与环境，2010，19 (11): 1242 - 1248.

[73] 郭晓琳．基于屋顶面积的徐州市屋顶太阳能光伏潜力评估 [D]. 中国矿业大学，2015.

[74] 宋晓阳．基于多源高分遥感数据的屋顶太阳能光伏潜力评估 [D]. 中国矿业大学（北京），2018.

[75] 李勇．城市建筑物屋顶太阳能利用潜力评估 [D]. 华东师范大学，2019.

[76] G. M. Joselin Herbert, S. Iniyan, E. Sreevalsan. A review of wind energy technologies [J]. Renewable and Sustainable Energy Reviews, 2007, 11: 1117 - 1145.

[77] María Isabel, Blanco. The economics of wind energy [J]. Renewable and Sustainable Energy Reviews, 2009, 13: 1372 - 1382.

[78] R. Saidur, N. A. Rahim, M. R. Islam. Environmental impact of wind energy [J]. Renewable and Sustainable Energy Reviews, 2011, 15: 2423 - 2430.

[79] David Barlev, Ruxandra Vidub. Innovation in concentrated solar power [J]. Solar Energy Materials and Solar Cells, 2011, 95: 2703 - 2725.

[80] Matt. Biomass, Energy, and Industrial Uses of Forages [R]. The Science of Grassland Agriculture, Ⅱ, 7TH Edition.

[81] J. S. Baker, C. M. Wade, B. L. Sohngen, S. Ohrel, A. A. Fawcett. Potential complementarity between forest carbon sequestration incentives and biomass energy expansion [J]. Energy Policy, 2019, 126: 391 - 401.

[82] Muham, Shahbaz. Foreign direct Investment——CO_2 emissions nexus in Middle East and North African countries: Importance of biomass energy consumption [J]. Journal of Cleaner Production, 2019, 217: 603 - 614.

[83] Maw Tun. Biomass Energy: An Overview of Biomass Sources, Energy Potential, and Management in Southeast Asian Countries [J]. Energy Policy, 2019, 125: 275 - 280.

[84] Prinz T, Biberacher M, Gadocha S, Mittlböck M, Schardinger I, Zocher D, et al. //Energie und Raumentwicklung. Räumliche Potenziale erneuerbarer Energieträ ger, Austrian Conference on Spatial Planning. Vienna: Austrian Conference on Spatial Planning (ÖROK), 2009: 1 - 131. Institution series 178.

[85] Aydin, N. Y., Kentel, E., Duzgun, H. S. GIS - based site selection methodology for hybrid renewable energy systems: A case study from western Turkey [J]. Energy Conversion and Management, 2013, 70: 90 - 106.

[86] Abbey, Member, Géza Joos. Supercapacitor Energy Storage for Wind Energy Applications [J]. Energy Policy, 2018, 136: 289 - 292.

[87] Andrew Kusiak, Zhe Song. Design of wind farm layout for maximum wind energy capture [J]. Renewable Energy, 2010, 35: 685 - 694.

[88] Julian Hoog, Ramachandra Rao Kolluri. Rooftop Solar Photovoltaic Power Forecasting Using Characteristic Generation Profiles [J]. Future Energy Systems, 2019 (6): 376 - 377.

[89] Fausto Cavallaro, Edmundas Kazimieras Zavadskas, Dalia Streimikiene, Abbas Mardan. Assessment of concentrated solar power (CSP) technologies based on a modified intuitionistic fuzzy topsis and trigonometric entropy weights [J]. Technological Forecasting and Social Change, 2019,

140：258 - 270.

［90］ Latinopoulos D.， Kechagia K. A GIS - based multi - criteria evaluation for wind farm site selection. A regional scale application in Greece ［J］. Renewable Energy，2015 （78）：550 - 560.

［91］ 贺德馨．风能开发利用现状与展望［C］．中国可再生能源学会．中国可再生能源学会第八次全国代表大会暨可再生能源发展战略论坛论文集．中国可再生能源学会：中国可再生能源学会，2008：48 - 55.

［92］ 陆威文，张璞，苟廷佳．农村新能源产业现状与区域经济发展研究——以青海省为例［J］．农业经济，2020（06）：105 - 106.

［93］ 任年鑫，朱莹，马哲，周孟然．新型浮式风能—波浪能集成结构系统耦合动力分析［J］．太阳能学报，2020，41（05）：159 - 165.

［94］ 郭星．风力发电项目地质灾害危险性评估探讨［J］．华北自然资源，2020（03）：91 - 92.

［95］ 黎季康，李孙伟，李炜．一种评估近海风能资源稳定性的新指标［J］．电力建设，2020，41（05）：108 - 115.

［96］ 魏欣桃．陕西省金润河北镇风电场风能资源开发评估［J］．能源与节能，2020（04）：45 - 47.

［97］ 姚旭明，姚永鸿．广西桂林地区山地风能资源开发评估［J］．红水河，2019，38（03）：44 - 47.

［98］ 王俊乐，洛松泽仁．西藏风能资源及其开发情况浅析［J］．太阳能，2018（10）：15 - 17 + 71.

［99］ 陆鸿彬，张渝杰，孙俊，邓国卫．四川省风能资源详查和评估［J］．高原山地气象研究，2018，38（03）：61 - 65 + 79.

［100］ 王哲，张韧，葛珊珊，张明，吕海龙．俄罗斯北部海域风能资源的时空特征分析［J］．海洋科学进展，2018，36（03）：465 - 477.

［101］周丹丹，胡生荣．内蒙古风能资源及其开发利用现状分析［J］．干旱区资源与环境，2018，32（05）：177－182.

［102］郑崇伟．21世纪海上丝绸之路：风能资源详查［J］．哈尔滨工程大学学报，2018，39（01）：16－22.

［103］曹希勃．东北地区风能资源开发与风电产业发展研究［J］．信息记录材料，2016，17（06）：77－78.

［104］蒋运志，黄英，伍静，秦艳芬．桂林风能特点及其开发利用建议［C］．中国气象学会．第33届中国气象学会年会 S13“互联网＋”与气象服务——第六届气象服务发展论坛．中国气象学会：中国气象学会，2016：129－132.

［105］佟昕．辽宁省风能利用及研究开发现状［J］．中国能源，2012，34（09）：39－41.

［106］张节潭，李春来，杨立滨，郭树锋．基于GIS自动化的区域建筑屋顶太阳能风能资源精细化评估技术［J］．制造业自动化，2020，42（06）：146－149＋156.

［107］王健．关于风能资源评估中几个关键问题的分析［J］．科技风，2019（05）：134.

［108］刘超群，刘敏，曾德培，施昆．基于RS和GIS的风电场微观选址的应用研究［J］．建筑节能，2018，46（07）：108－112.

［109］马翼飞．基于GIS的太阳能光伏能源电站选址方法的研究与应用［D］．北方民族大学，2020.

［110］王利珍，谭洪卫，庄智，雷勇，李进．基于GIS平台的我国太阳能光伏发电潜力研究［J］．上海理工大学学报，2014，36（05）：491－496.

［111］吴凡．基于LCA理论的风电项目碳减排效果分析［D］．华北电力大学，2019.

［112］郑艳琳，李福利，刘芳．山东省生物质能总量测算及其环

境效益分析［J］．安徽农业科学，2011，39（27）：16734－16735.

［113］张国晨．内蒙古自治区生物质能源发展模式研究［D］．天津大学，2012.

［114］张文锋．中国沿海地区能源效率的时空演化分析［J］．辽宁师范大学学报（自然科学版），2019，42（04）：538－542.

［115］张双益，胡非，王益群，张继立．利用CFSR数据开展海上风电场长年风能资源评估［J］．长江流域资源与环境，2017，26（11）：1795－1804.

［116］臧良震，张彩虹．中国林木生物质能源潜力测算及变化趋势［J］．世界林业研究，2019，32（01）：75－79.

［117］徐伟，张慧慧．公共建筑光伏系统太阳能利用潜力评价［J/OL］．重庆大学学报：1－11［2020－06－16］.

［118］李勇．风能资源利用效率评价研究［D］．东北电力大学，2017.

［119］于谨凯，亢亚倩．海洋风能资源开发利用合理度评价研究——基于WSR系统方法论和三角模糊数［J］．海洋经济，2018，8（03）：12－19.

［120］赵振宇，樊伟光．北京市可再生能源资源丰度评价与空间相关性分析［J］．农村电气化，2020（06）：59－64.

［121］姜超．考虑源—荷不确定性的多能互补微电网区间规划［D］．东北电力大学，2020.

［122］李昀桓．不确定条件下珠海市可持续发展的能源环境系统规划研究［D］．华北电力大学（北京），2019.

［123］祝颖．综合全无限规划方法应用于能源系统管理［D］．华北电力大学，2014.

［124］刘海东．江苏沿海风电开发的可行性分析［D］．华北电力大学，2006.

[125] Hoogwijk M M. On the gloable and regional potential and renewable energy sources [J]. 2004.

[126] Jung C, Schindler D. The role of air density in wind energy assessment——A case study from Germany [J]. Energy, 2019, 171 (MAR. 15): 385 - 392.

[127] National Bureau of Statistics of China. Energy structure in 2018. 2018. http: //data. stats. gov. cn/easyquery. htm?cn = C01. [Accessed 4 December 2019].

[128] Ilbahar E, Cebi S, Kahraman C. A state - of - the - art review on multi - attribute renewable energy decision making. Energy Strateg Rev 2019, 25: 18 - 33.

[129] Konstantinos I, Georgios T, Garyfalos A. A Decision Support System methodology for selecting wind farm installation locations using AHP and TOPSIS: case study in Eastern Macedonia and Thrace region, Greece. Energy Pol 2019, 132: 232 - 246.

[130] China electric power planning & engineering institute. Report on China's electric power development. 2018. 2018, http: //www. eppei. com/upload/file/20190730/% E5% B1% 95% E6% 9D% BF. pdf. [Accessed 25 December 2019].

[131] Administration CM. Detailed investigation and assessment of Chinese wind energy resources (in Chinese with English abstract). Wing Energy 2011 (08): 26 - 30.

[132] National Energy Administration of China. Available from: http://www. nea. gov. cn/.

[133] Song F, Bi D, Wei C. Market segmentation and wind curtailment: an empirical analysis. Energy Pol 2019, 132: 831 - 838.

[134] Fan X - c, Wang W - q, Shi R - j, Li F - t. Analysis and

countermeasures of wind power curtailment in China. Renew Sustain Energy Rev 2015, 52: 1429 - 1436.

[135] Xia F, Song F. The uneven development of wind power in China: determinants and the role of supporting policies. Energy Econ 2017, 67: 278 - 286.

[136] Luo G - l, Li Y - l, Tang W - j, Wei X. Wind curtailment of China's wind power operation: evolution, causes and solutions. Renew Sustain Energy Rev 2016, 53: 1190 - 1201.

[137] Gorsevski PV, Cathcart SC, Mirzaei G, Jamali MM, Ye X, Gomezdelcampo E. A group - based spatial decision support system for wind farm site selection in Northwest Ohio. Energy Pol 2013, 55: 374 - 385.

[138] Guo X, Zhang X, Du S, Li C, Siu YL, Rong Y, et al. The impact of onshore wind power projects on ecological corridors and landscape connectivity in Shanxi, China. J Clean Prod 2020, 254: 120075.

[139] Villacreses G, Gaona G, Martinez - Gomez J, Juan Jijon D. Wind farms suitability location using geographical information system (GIS), based on multi - criteria decision making (MCDM) methods: the case of continental Ecuador. Renew Energy 2017, 109: 275 - 286.

[140] Ali S, Taweekun J, Techato K, Waewsak J, Gyawali S. GIS based site suitability assessment for wind and solar farms in Songkhla, Thailand. Renew Energy 2019, 132: 1360 - 1372.

[141] Bina SM, Jalilinasrabady S, Fujii H, Farabi - Asl H. A comprehensive approach for wind power plant potential assessment, application to northwestern Iran. Energy 2018, 164: 344 - 358.

[142] Castro - Santos L, Prado Garcia G, Simoes T, Estanqueiro A. Planning of the installation of offshore renewable energies: a GIS approach of the Portuguese roadmap. Renew Energy 2019, 132: 1251 - 1262.

[143] Atici KB, Simsek AB, Ulucan A, Tosun MU. A GIS – based Multiple Criteria Decision Analysis approach for wind power plant site selection. Util Pol 2015, 37: 86 – 96.

[144] Ayodele TR, Ogunjuyigbe ASO, Odigie O, Munda JL. A multi – criteria GIS based model for wind farm site selection using interval type – 2 fuzzy analytic hierarchy process: the case study of Nigeria. Appl Energy 2018, 228: 1853 – 1869.

[145] Kim C – K, Jang S, Kim TY. Site selection for offshore wind farms in the southwest coast of South Korea. Renew Energy 2018, 120: 151 – 162.

[146] Mytilinou V, Lozano – Minguez E, Kolios A. A framework for the selection of optimum offshore wind farm locations for deployment. Energies 2018, 11 (7).

[147] Noorollahi Y, Yousefi H, Mohammadi M. Multi – criteria decision support system for wind farm site selection using GIS. Sustain Energy Tech 2016, 13: 38 – 50.

[148] Wang C – N, Huang Y – F, Chai Y – C, Nguyen V. A multi – criteria decision making (MCDM) for renewable energy plants location selection in Vietnam under a fuzzy environment. Appl Sci 2018, 8 (11).

[149] Wu Y, Geng S, Xu H, Zhang H. Study of decision framework of wind farm project plan selection under intuitionistic fuzzy set and fuzzy measure environment. Energy Convers Manag 2014, 87: 274 – 284.

[150] Ziemba P, Wątrobski J, Zioło M, Karczmarczyk A. Using the PROSA method in offshore wind farm location problems. Energies 2017, 10 (11).

[151] Baban SMJ, Parry T. Developing and applying a GIS – assisted approach to locating wind farms in the UK. Renew Energy 2001, 24 (1):

59 – 71.

[152] Chaouachi A, Covrig CF, Ardelean M. Multi – criteria selection of offshore wind farms: case study for the Baltic States. Energy Pol 2017, 103: 179 – 192.

[153] Al – Yahyai S, Charabi Y, Gastli A, Al – Badi A. Wind farm land suitability indexing using multi – criteria analysis. Renew Energy 2012, 44: 80 – 87.

[154] Sanchez – Lozano JM, Garcia – Cascales MS, Lamata MT. GIS – based onshore wind farm site selection using Fuzzy Multi – Criteria Decision Making methods. Evaluating the case of Southeastern Spain. Appl Energy 2016, 171: 86 – 102.

[155] Wu Y, Chen K, Zeng B, Yang M, Li L, Zhang H. A cloud decision framework in pure 2 – tuple linguistic setting and its application for low – speed wind farm site selection. J Clean Prod 2017, 142: 2154 – 2165.

[156] Tegou L – I, Polatidis H, Haralambopoulos DA. Environmental management framework for wind farm siting: methodology and case study. J Environ Manag 2010, 91 (11): 2134 – 2147.

[157] Gigovic L, Pamucar D, Bozanic D, Ljubojevic S. Application of the GIS – DANPMABAC multi – criteria model for selecting the location of wind farms: a case study of Vojvodina, Serbia. Renew Energy 2017, 103: 501 – 521.

[158] Hofer T, Sunak Y, Siddique H, Madlener R. Wind farm siting using a spatial Analytic Hierarchy Process approach: a case study of the Stadteregion Aachen. Appl Energy 2016, 163: 222 – 243.

[159] Lee AHI, Chen HH, Kang H – Y. Multi – criteria decision making on strategic selection of wind farms. Renew Energy 2009, 34 (1): 120 – 126.

[160] Rezaian S, Jozi SA. Application of multi criteria decision – making technique in site selection of wind farm – a case study of northwestern Iran. J Indian Soc Remote Sens 2016, 44 (5): 803 – 809.

[161] Degirmenci S, Bingol F, Sofuoglu SC. MCDM analysis of wind energy in Turkey: decision making based on environmental impact. Environ Sci Pollut Res Int 2018, 25 (20): 19753 – 19766.

[162] Kim T, Park J – I, Maeng J. Offshore wind farm site selection study around Jeju Island, South Korea. Renew Energy 2016, 94: 619 – 628.

[163] Vagiona DG, Kamilakis M. Sustainable site selection for offshore wind farms in the south aegean – Greece. Sustainability 2018, 10 (3).

[164] Wu Y, Zhang J, Yuan J, Geng S, Zhang H. Study of decision framework of offshore wind power station site selection based on ELECTRE – III under intuitionistic fuzzy environment: a case of China. Energy Convers Manag 2016, 113: 66 – 81.

[165] Sanchez – Lozano JM, García – Cascales MS, Lamata MT. Identification and selection of potential sites for onshore wind farms development in Region of Murcia, Spain. Energy 2014, 73: 311 – 324.

[166] Latinopoulos D, Kechagia K. A GIS – based multi – criteria evaluation for windfarm site selection. A regional scale application in Greece. Renew Energy 2015, 78: 550 – 560.

[167] Solangi Y, Tan Q, Khan M, Mirjat N, Ahmed I. The selection of wind power project location in the southeastern corridor of Pakistan: a factor Analysis, AHP, and fuzzy – TOPSIS application. Energies 2018, 11 (8).

[168] Carrete M, Sanchez – Zapata JA, Benítez JR, Lobon M, Donazar JA. Large scale risk – assessment of wind – farms on population viability

of a globally endangered long - lived raptor. Biol Conserv 2009, 142 (12): 2954 - 2961.

[169] Carrete M, Sanchez - Zapata JA, Benítez JR, Lobon M, Montoya F, Donazar JA. Mortality at wind - farms is positively related to large - scale distribution and aggregation in griffon vultures. Biol Conserv 2012, 145 (1): 102 - 108.

[170] Rushworth I, Krueger S. Wind farms threaten southern Africa's cliff - nesting vultures. Ostrich 2014, 85 (1): 13 - 23.

[171] Baseer MA, Rehman S, Meyer JP, Alam MM. GIS - based site suitability analysis for wind farm development in Saudi Arabia. Energy 2017, 141: 1166 - 1176.

[172] Ali S, Lee S - M, Jang C - M. Determination of the most optimal on - shore wind farm site location using a GIS - MCDM methodology: evaluating the case of South Korea. Energies 2017, 10 (12).

[173] Pamucar D, Gigovic L, Bajic Z, Janosevic M. Location selection for wind farms using GIS multi - criteria hybrid model: an approach based on fuzzy and rough numbers. Sustainability 2017, 9 (8).

[174] Wu Y, Chen K, Xu H, Xu C, Zhang H, Yang M. An innovative method for offshore wind farm site selection based on the interval number with probability distribution. Eng Optim 2017, 49 (12): 2174 - 2192.

[175] Gao X, Yang H, Lu L. Study on offshore wind power potential and wind farm optimization in Hong Kong. Appl Energy 2014, 130: 519 - 531.

[176] Tian W, Bai J, Sun H, Zhao Y. Application of the analytic hierarchy process to a sustainability assessment of coastal beach exploitation: a case study of the wind power projects on the coastal beaches of Yancheng, China. J Environ Manag 2013, 115: 2516.

[177] Wu B, Yip TL, Xie L, Wang Y. A fuzzy - MADM based

approach for site selection of offshore wind farm in busy waterways in China. Ocean Eng 2018, 168: 121 - 132.

[178] Wu Y, Geng S. Multi - criteria decision making on selection of solar - wind hybrid power station location: a case of China. Energy Convers Manag 2014, 81: 527 - 533.

[179] Wu Y - n, Yang Y - s, Feng T - t, Kong L - n, Liu W, Fu L - j. Macro - site selection of wind/solar hybrid power station based on Ideal Matter - Element Model. Int J Electr Power Energy Syst 2013, 50: 76 - 84.

[180] National Energy Administration of China. Clean energy is more important. 2020. http: //www. nea. gov. cn/2020 - 03/03/c _ 138838993. htm. [Accessed 20 May 2020].

[181] National Development and Reform Commission of China. China's wind power development roadmap. 2009. Available from: 2050, https: // www. docin. com/p - 2088144276. html.

[182] Institute of environmental engineering, Dalian University of Technology. Environmental impact assessment report on construction planning of wind farm in Wafangdian. 2017. China, https: //www. docin. com/p - 1341770509. html. [Accessed 20 December 2019].

[183] Entani T, Sugihara K. Uncertainty index based interval assignment by Interval AHP. Eur J Oper Res 2012, 219 (2): 379 - 385.

[184] Ghorbanzadeh O, Moslem S, Blaschke T, Duleba S. Sustainable urban transport planning considering different stakeholder groups by an interval - AHP decision support model. Sustainability 2019; 11 (1).

[185] Wang F, Ren W. Chinese new urbanization quality evaluation based on interval number AHP (in Chinese with English abstract). Agric Econ Manage 2015, 64 - 70 + 91.

[186] Albayrak E, Erensal YC. Using analytic hierarchy process

(AHP) to improve human performance: an application of multiple criteria decision making problem. J Intell Manuf 2004, 15 (4): 491 - 503.

[187] Zhang S, Sun B, Yan L, Wang C. Risk identification on hydropower project using the IAHP and extension of TOPSIS methods under interval - valued fuzzy environment. Nat Hazards 2013, 65 (1): 359 - 373.

[188] Li Q, Liu S, Fang Z. Stochastic VIKOR method based on prospect theory (in Chinese with English abstract). Comput Eng Appl 2012, 48 (30): 1 - 4 + 32.

[189] Tavana M, Kiani Mavi R, Santos - Arteaga FJ, Rasti Doust E. An extended VIKOR method using stochastic data and subjective judgments. Comput Ind Eng 2016, 97: 240 - 247.

[190] Kackar RN. Off - line quality control, parameter design, and the taguchi method. In: Dehnad K, editor. Quality control, robust design, and the taguchi method. Boston, MA: Springer US; 1989. 51 - 76.

[191] National energy administration of China. Technical regulations for wind farm site selection. 2015. http: //www. nea. gov. cn/2015 - 12/13/c_131051493. htm. [Accessed 21 May 2020].

[192] Department of Ecology and Environment of Liaoning Province. Interim measures for ecological construction management of wind farms in liaoning province. 2017. http: //sthj. ln. gov. cn/xxgkml/zfwj/lhf/201110/t20111021_ 90336. html. [Accessed 21 May 2020].

[193] Watson JJW, Hudson MD. Regional Scale wind farm and solar farm suitability assessment using GIS - assisted multi - criteria evaluation. Landsc Urban Plann 2015, 138: 20 - 31.

[194] Moradi S, Yousefi H, Noorollahi Y, Rosso D. Multi - criteria decision support system for wind farm site selection and sensitivity analysis: case study of Alborz Province, Iran. Energy Strateg Rev 2020, 29: 100478.

[195] Kan. S. Y. ; Chen, B. ; Chen, G. Q. Worldwide energy use across global supply chains: Decoupled from economic growth. Applied Energy 2019, 250 (15): 1235 - 1245.

[196] BP. 2018. BP statistical review of world energy 2018. UK: BP.

[197] Perera, A. T. D; Vahid, M. N. ; Chen, D. ; Scartezzini, J. L. ; Hong, T. Z. Quantifying the impacts of climate change and extreme climate events on energy systems. Nature Energy 2020, 5: 150 - 159.

[198] Lu, Y. ; Sun, L. ; Xue, Y. Research on a Comprehensive Maintenance Optimization Strategy for an Offshore Wind Farm. Energies 2021, 14, 965.

[199] Shin, J. ; Baek, S. ; Rhee, Y. Wind Farm Layout Optimization Using a Metamodel and EA/PSO Algorithm in Korea Offshore. Energies 2021, 14, 146.

[200] Ziemba, P. Multi - Criteria Fuzzy Evaluation of the Planned Offshore Wind Farm Investments in Poland. Energies 2021, 14: 978.

[201] Latinopoulos, D. ; Kechagia, K. A GIS - based multi - criteria evaluation for wind farm site selection. A regional scale application in Greece. Renewable Energy 2015, 78: 550 - 560.

[202] Behera, S. ; Sahoo, S. ; Pati, B. B. A review on optimization algorithms and application to wind energy integration to grid. Renewable and Sustainable Energy Reviews 2015, 48: 214 - 227.

[203] Mehmet, K. ; Metin, D. Prioritization of renewable energy sources for Turkey by using a hybrid MCDM methodology. Energy Conversion and Management 2014, 79: 25 - 33.

[204] Fetanat, A. ; Khorasaninejad, E. A novel hybrid MCDM approach for offshore wind farm site selection: A case study of Iran. Ocean & Coastal Management 2015, 109: 17 - 28.

[205] Hu, J.; Harmsen, R.; Crijns - Graus, W.; Worrell, E. Geographical optimization of variable renewable energy capacity in China using modern portfolio theory. Applied Energy 2019: 253.

[206] Aydin, N. Y.; Kentel, E.; Duzgun, S. GIS - based environmental assessment of wind energy systems for spatial planning: A case study from Western Turkey. Renewable and Sustainable Energy Reviews 2010, 14 (1): 364 - 373.

[207] Baban, S. M. J.; Parry, T. Developing and applying a GIS - assisted approach to locating wind farms in the UK. Renewable Energy 2001, 36 (3): 1125 - 1132.

[208] Haaren, R.; Fthenakis, V. GIS - based wind farm site selection using spatial multi - criteria analysis (SMCA): evaluating the case for New York State. Renewable and Sustainable Energy Reviews 2011, 15 (7): 3332 - 3340.

[209] Omitaomu, O. A.; Blevins, B. R.; Jochem, W. C.; Mays, G. T.; et al. Adapting a GIS - based multicriteria decision analysis approach for evaluating new power generating sites. Applied Energy 2012, 96: 292 - 301.

[210] Baseer, M. A.; Rehman, S.; Meyer, J. P.; Alam, M. M. GIS - based site suitability analysis for wind farm development in Saudi Arabia. Energy 2017, (141): 1166 - 1176.

[211] Konstantinos, I.; Georgios, T.; Garyfalos, A. A Decision Support System methodology for selecting wind farm installation locations using AHP and TOPSIS: Case study in Eastern Macedonia and Thrace region, Greece. Energy Policy 2019, 132: 232 - 246.

[212] Spyridonidou, S.; Vagiona, D. G. Spatial energy planning of offshore wind farms in Greece using GIS and a hybrid MCDM methodological

approach. International Journal of Integrated Engineering 2020, 12 (2): 294 - 301.

[213] Wang, J. J.; Jing, Y. Y.; Zhang, C. F.; Zhao, J. H. Review on multi - criteria decision analysis aid in sustainable energy decision - making. Renewable and Sustainable Energy Reviews 2009, 13 (9): 2263 - 2278.

[214] Zhang, L.; Zhou, P.; Newton, S.; Fang, J. X.; Zhou, D. Q.; Zhang, L. P. Evaluating clean energy alternatives for Jiangsu, China: An improved multi - criteria decision making method. Energy 2015, 90: 953 - 964.

[215] Grabisch, M.; Labreuche, C. A decade of application of the Choquet and Sugeno integrals in multi - criteria decision aid. Annals of Operations Research 2010, 175: 247 - 286.

[216] Grabisch, M. The application of fuzzy integrals in multicriteria decision making. European Journal of Operational Research 1996, 89 (3): 445 - 456.

[217] Greco, S.; Rindone, F. Bipolar fuzzy integrals. Fuzzy sets and systems 2013, 220 (1): 21 - 33.

[218] Jang, L. C. A note on the interval - valued generalized fuzzy integral by means of an interval - representable pseudo - multiplication and their convergence properties. Fuzzy sets and systems 2013, 222 (1): 45 - 57.

[219] Marichal, J. L. An axiomatic approach of the discrete Choquet integral as a tool to aggregate interacting criteria. IEEE Transactions on Fuzzy Systems 2000, 8 (6): 800 - 807.

[220] Liu, X.; Ma, L.; Mathew, J. Machinery Fault Diagnosis Based On Fuzzy Measure and Fuzzy Integral Data Fusion Techniques. Mechanical systems and signal processing 2009, 23 (3): 690 - 700.

[221] Sugeno, M. Theory of fuzzy integral and its applications [Ph. D. dissertation]. 1974, Tokyo, Department of Comp Intell & SystSci, Tokyo Institute of Technology.

[222] Hu, Y. C. Fuzzy integral - based perceptron for two - class pattern classification problems. Information Sciences 2007, 177 (7): 1673 - 1686.

[223] Grabidch, M. k - order addtive discrete fuzzy measures and their representation. Fuzzy Sets and Systems 1997, 92 (2): 167 - 189.

[224] Marichal, J. L. Entropy of discrete Choquet capacities. European Journal of Operational Research 2002, 137 (3): 612 - 624.

[225] Yu, X.; Qu, H. Wind power in China - opportunity goes with challenge. Renewable and Sustainable Energy Reviews 2010, 14 (8): 2232 - 2237.

[226] Zhao, B.; Wang, N.; Fu, Q.; Yan, H. K. Searching a site for a civil airport based on ecological conservation: An expert - based selection (Dalian, China). Global Ecology and Conservation 2019, DOI: 10. 1016/j. gecco. 2019. e00729.

[227] Fu, Q.; Wang, N.; Shen, M. Q.; Song, N. Q.; Yan, H. K. A study of the site selection of a civil airport based on the risk of bird strikes: The case of Dalian, China. Journal of Air Transport Management 2016, 54: 17 - 30.